中等职业教育机电类专业"十一五"规划教材

铣 工 工 艺 学

（上　册）

中国机械工业教育协会
全国职业培训教学工作指导委员会　组编
机电专业委员会
黄　冰　主编

机 械 工 业 出 版 社

本教材是为适应"工学结合、校企合作"培养模式的要求，根据中国机械工业教育协会和全国职业培训教学工作指导委员会机电专业委员会组织制定的中等职业教育教学计划大纲编写的。本教材主要内容包括：铣削的基本知识，平面、垂直面、平行面和斜面的铣削，台阶、沟槽的铣削和切断，分度方法，成形面和球面的铣削，在铣床上钻孔、铰孔和镗孔。

本教材可供中等职业技术学校、技工学校、职业高中使用。

图书在版编目（CIP）数据

铣工工艺学．上册/黄冰主编．—北京：机械工业出版社，2009.8
（2024.10 重印）

中等职业教育机电类专业"十一五"规划教材

ISBN 978-7-111-27820-7

Ⅰ．铣… Ⅱ．黄… Ⅲ．铣削—工艺学—专业学校—教材 Ⅳ．TG54

中国版本图书馆 CIP 数据核字（2009）第 124887 号

机械工业出版社（北京市百万庄大街 22 号　　邮政编码 100037）

策划编辑：荆宏智　王晓洁　责任编辑：王晓洁　版式设计：霍永明
责任校对：丁丽丽　　　　　封面设计：马精明　责任印制：郜　敏

北京富资园科技发展有限公司印刷

2024 年 10 月第 1 版第 5 次印刷

184mm×260mm · 7.75 印张 · 187 千字

标准书号：ISBN 978-7-111-27820-7

定价：29.80 元

电话服务　　　　　　　　　网络服务

客服电话：010-88361066　　机 工 官 网：www.cmpbook.com
　　　　　010-88379833　　机 工 官 博：weibo.com/cmp1952
　　　　　010-68326294　　金 书 网：www.golden-book.com

封底无防伪标均为盗版　机工教育服务网：www.cmpedu.com

序

为贯彻《国务院关于大力发展职业教育的决定》精神，落实文件中提出的中等职业学校实行"工学结合、校企合作"的新教学模式，满足中等职业学校、技工学校和职业高中技能型人才培养的要求，更好地适应企业的需要，为振兴装备制造业提供服务，中国机械工业教育协会和全国职业培训教学工作指导委员会机电专业委员会共同聘请有关行业专家制定了中等职业学校6个专业10个工种新的教学计划、大纲，并据此组织编写了这6个专业的"十一五"规划教材。

这套新模式的教材共近70个品种。为体现行业领先的策略，编出特色，扩大本套教材的影响，方便教师和学生使用，并逐步形成品牌效应，我们在进行了充分调研后，才会同行业专家制定了这6个专业的教学计划，提出了教材的编写思路和要求。共有22个省（市、自治区）的近40所学校的专家参加了教学计划大纲的制定和教材的编写工作。

本套教材的编写贯彻了"以学生为根本，以就业为导向，以标准为尺度，以技能为核心"的理念，以及"实用、够用、好用"的原则。本套教材具有以下特色：

1. 教学计划大纲、教材、电子教案（或课件）齐全，大部分教材还有配套的习题集和习题解答。

2. 从公共基础课、专业基础课，到专业课、技能课全面规划，配套进行编写。

3. 按"工学结合、校企合作"的新教学模式重新制定了教学计划、教学大纲，在专业技能课教材的编写时也进行了充分考虑，还编写了第三学年使用的《企业生产实习指导》。

4. 为满足不同地区、不同模式的教学需求，本套教材的部分科目采用了"任务驱动"形式和传统编写方式分别进行编写，以方便大家选择使用；考虑到不同学校对软件的不同要求，对于《模具CAD/CAM》课程，我们选用三种常用软件各编写了一本教材，以供大家选择使用。

5. 贯彻了"实用、够用、好用"的原则，突出"实用"，满足"够用"，一切为了"好用"。教材每单元中均有教学目标、本章小结、复习思考题或技能练习题，对内容不做过高的难度要求，关键是使学生学到干活的真本领。

本套教材的编写工作得到了许多学校领导的重视和大力支持以及各位老师的热烈响应，许多学校对教学计划大纲提出了很多建设性的意见和建议，并主动推荐教学骨干承担教材的编写任务，为编好教材提供了良好的技术保证，在此对各个学校的支持表示感谢。

由于时间仓促，编者水平有限，书中难免存在某些缺点或不足，敬请读者批评指正。

中国机械工业教育协会
全国职业培训教学工作指导委员会
机电专业委员会

前　言

　　机械制造业是技术密集型的行业，而铣工又是机械制造业重要的工种之一。现代工业的迅猛发展和新技术、新工艺、新材料、新设备的不断涌现，对铣工技术的要求也越来越高。而铣工所涉及的专业面比较宽，需要的知识比较广，本书旨在为广大铣工提供一本比较完备而实用的教材《铣工工艺学》，帮助他们提高操作技能、技术水平和综合素质，可供技工学校、中等职业技术学校、中级技术工人培训使用。

　　本书包括初、中级铣工所需要的主要内容，分为上、下两册。在编写中，从生产实际出发，以专业技能为主线，遵循由浅入深、由易到难、由简单到复杂循序渐进的规律，注重工艺分析，突出典型零件的加工，并结合现代机械制造业新技术、新工艺、新材料的应用，强调综合能力的全面培养；力求坚持以实用为主，尽量做到内容简明、数据准确，工艺先进，切合生产实际。

　　本书绪论及前四章由黄冰编写，第五、六章由李素红编写，全书由黄冰统稿并任主编，罗瑞琳审稿。

　　由于时间较仓促，编者水平有限，调查研究不够深入，书中仍难免有缺点和错误，诚恳地希望专家和广大读者批评指正。

编　者

目 录

绪　　论

随着科学技术的迅速发展，新技术、新工艺不断涌现，但金属切削加工在机械制造业中仍占有极其重要的地位。在实际生产中，绝大多数的机械零件需要通过切削加工来达到规定的尺寸、形状和位置精度，以满足零件的性能和使用要求。利用切削工具从工件上切除多余材料的加工方法称为切削加工。铣工就是切削加工中最基本、应用极为广泛的工种之一。

一、铣削的基本内容

铣工是指在铣床上利用铣刀进行切削加工，使工件获得图样所要求的精度（包括尺寸、形状和位置精度）和表面质量的一个工种。铣削的主要特点是用旋转的多刃铣刀作主运动，工件或铣刀作进给运动进行切削加工，故其效率高、加工范围广，如铣平面、台阶、沟槽、成形面和切断工件材料等，利用分度装置可加工需周向等分的花键、齿轮、牙嵌离合器、螺旋槽等，此外在铣床上还可以进行钻孔、铰孔、铣孔和镗孔等加工。铣削的基本内容如图 0-1 所示。

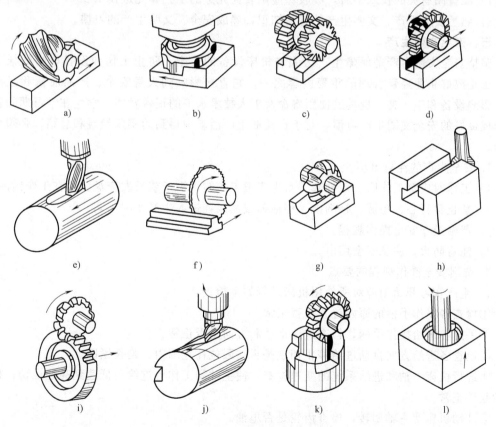

图 0-1　铣削的基本内容

a）圆柱形铣刀铣平面　b）面铣刀铣平面　c）铣台阶　d）铣直角通槽　e）铣键槽　f）切断
g）铣成形面　h）铣成形沟槽　i）铣齿轮　j）铣圆柱形螺旋槽　k）铣牙嵌离合器　l）镗孔

铣削加工具有较高的加工精度和较小的表面粗糙度，其经济加工精度的公差等级一般为IT7～IT9，表面粗糙度 R_a 值为 $12.5～1.6\mu m$。采用精细加工时公差等级可达 IT5，表面粗糙度 R_a 值可达 $0.2\mu m$。

二、本课程的任务与要求

铣工工艺学是总结、探讨铣工加工方法和规律的课程，是中等职业技术学校铣工专业的一门专业技术课程。课程的任务是使学生掌握中级铣工应具备的专业理论知识，并用以指导相应的操作训练，通过技能训练又进一步加深对理论知识的理解、消化、巩固和提高。

通过学习，学生应达到以下要求：

1）掌握常用铣床的主要结构、传动系统、操作使用、日常调整和维护保养的方法。

2）能合理地选择和正确地使用夹具、刀具和量具，掌握其使用方法和维护保养方法。

3）能熟练地掌握铣削过程中的有关计算方法，并能查阅有关技术手册和资料。

4）能合理地选择铣削用量和切削液。

5）能合理地选择工件的定位基准，掌握工件定位、夹紧的基本原理和方法。

6）能制定中等复杂程度零件的铣削工艺，能分析铣工加工中工件产生废品的原因并采取预防措施。

7）能查阅有关的技术手册，吸收和应用较为先进的工艺和先进技术。

8）熟悉安全生产、文明生产的有关知识，养成安全、文明生产的习惯。

三、安全文明生产

坚持安全文明生产是保障生产工人和机床设备的安全、防止工伤和设备事故的根本保证，也是搞好企业经营管理的重要内容之一。它直接影响到人身安全、产品质量和经济效益，影响设备和工、夹、量具的使用寿命及工人技术水平的正常发挥。学生在学习期间就必须养成良好的安全文明生产习惯，对于在长期生产活动中得到的实践经验和总结，必须严格执行。

1. 安全生产的注意事项

1）工作时应穿工作服、戴袖套。女生应戴工作帽，辫子或长发应盘、塞在工作帽内。

2）禁止穿背心、短裤、戴围巾、穿拖鞋或高跟鞋进入生产实习车间。

3）严格遵守安全操作规程。

4）注意防火，注意安全用电。

2. 铣削安全操作规程的要点

1）生产实习开始前应对所使用机床进行如下检查：

①检查各操作手柄的原始位置是否正常。

②手摇各进给操作手柄，检查进给运动和方向是否正常。

③检查各进给方向自动进给停止挡铁是否在限位柱范围内、是否紧固。

④进行机床主轴和进给系统的变速检查，使主轴和工作台进给由低速到高速运动，检查运动是否正常。

⑤开动机床使主轴回转，检查齿轮是否甩油。

⑥上述各项检查完毕，如未发现异常，对机床各部注油润滑。

2）不准戴手套操作机床、测量工件、更换刀具和擦拭机床。

3）装卸工件、刀具，变换转速和进给量，测量工件，搭配交换齿轮，必须在停机状态下进行。

4）操作机床时，严禁离开岗位，不准做与操作无关的事情。

5）工作台自动进给时，应脱开手动进给离合器，以防手柄随轴旋转伤人。

6）不准两个方向同时起动自动进给。自动进给时，不准突然变换进给速度。自动进给完毕，应停止进给，再停止机床主轴（刀具）旋转。

7）高速铣削时必须戴防护镜。

8）不准在切削进行中测量工件，不准用手触摸工件加工表面。

9）操作中出现异常现象时应及时停机检查，出现故障、事故应立即切断机床电源，及时汇报，请专业人员维修，未修复前不得使用。

10）机床不使用时，各手柄应置于空挡位置，各方向进给紧固手柄应松开，工作台应置于各方向进给的中间位置，机床导轨面应适当涂润滑油。

3. 文明生产要求

1）爱护刀具、工具、量具，并正确使用，放置应稳妥、整齐、合理，有固定的位置，便于操作时取用，用后应放回原处。

2）爱护机床和车间其他设备、设施。

3）工具箱内物件应分类摆放。重物放置在下层，轻物放置在上层，精密的物件应放置稳妥，不得随意乱放，以免损坏和丢失。

4）量具应经常保持清洁，用毕后应擦拭干净、涂防锈油、放入盒内，并及时归还工具室。所使用的量具必须定期检验，使用前应检查合格证，确认在允许使用期内，以保证其度量准确。

5）装卸较重的机床附件时必须有他人协助，装卸时应擦净机床工作台台面和附件的基准面。

6）爱护机床工作台面和导轨面，不准在工作台台面和导轨面上直接放置毛坯件、锤子和扳手等工具。

7）毛坯、半成品和成品应分开放置。半成品、成品应堆放整齐，轻拿轻放，以免碰坏已加工面。

8）图样、工艺卡片应放置在便于阅读的位置，并注意保持其整洁和完整。

9）工作地周围应保持清洁整齐，避免杂物堆放，防止绊倒。

10）工作结束后应认真擦拭机床、工具、量具和其他附件，使各物归位，机床按规定加注润滑油，清扫工作地，关闭电源。

第一章　铣削的基本知识

教学目标　1. 了解铣刀材料，理解铣刀主要几何角度的意义及其作用，掌握合理选择铣刀几何角度的原则。

2. 理解并掌握铣削用量及其选择原则。

3. 了解切削液的作用、种类、性能及其选用。

4. 了解常用量具的种类、结构、作用，并能正确、熟练地使用各种常用量具。

教学重点　1. 铣刀的几何角度及其选择。

2. 铣削的基本运动、铣削用量及其选择。

教学难点　1. 铣刀的几何角度及其选择。

2. 理解并能正确选择铣削用量。

3. 能正确、熟练地使用各种常用量具。

铣削是以铣刀旋转作主运动，工件或铣刀作进给运动的切削加工方法。

第一节　铣　　刀

一、铣刀切削部分的材料

1. 铣刀切削部分材料的要求

(1) 高的硬度和耐磨性　刀具材料应具有足够的硬度，至少应高于被切削工件的硬度。具有高的耐磨性，刀具才不易磨损，使用时间增长。其常温下的硬度一般要求在 60HRC 以上。

(2) 足够的强度和韧性　在切削过程中，刀具会受到很大的力，所以刀具材料要具有足够的强度，否则会断裂和损坏。切削时铣刀会受到冲击和振动，因此铣刀材料还应具有一定的韧性，才不会产生崩刃和碎裂。

(3) 良好的热硬性　在切削过程中刀具和切削区的温度会很高，尤其是速度较高时温度会更高，因此刀具材料在高温下仍能保持较高的硬度，能继续进行切削的性能称为耐热性或热硬性。

(4) 良好的工艺性　为了能顺利地制造出一定形状和尺寸的刀具，尤其对形状比较复杂的铣刀，一般要求刀具材料具有良好的工艺性。

2. 铣刀切削部分常用的材料

常用的铣刀切削部分常用的材料有高速工具钢和硬质合金两大类。

(1) 高速工具钢　高速工具钢简称高速钢。它是以钨（W）、铬（Cr）、钒（V）、钼（Mo）和钴（Co）为主要合金元素的高合金工具钢。其淬火后的硬度为 63～70HRC；在 600℃ 的高温下其硬度保持在 47～55HRC，具有较好的切削性能。高速钢的允许最高工作温度为 500～600℃，切削速度一般为 16～35mm/min。

高速钢的强度较高，韧性也较好，能磨出锋利的刃口，并具有良好的工艺性，能锻造，容易加工，是制造铣刀的良好材料。

W18Cr4V 属于钨系高速钢，是通用高速钢中最典型的一种，其各元素的质量分数分别为钨 18%、铬 4%、钒 1%、碳 0.75%左右，是一种高合金工具钢。其抗弯强度、冲击韧性和磨削性等都较好，是制造各种刀具用得最多的一种高速钢。

通用高速钢中还有 W6Mo5Cr4V2，属钨钼系高速钢，其热塑性和耐冲击度等较 W18Cr4V 好，但可磨削性稍差。因钨价格比钼高，故有代替 W18Cr4V 的趋势。其他还有 W14Cr4VMnRe 等，其性能均与 W6Mo5Cr4V2 接近。

在高速钢中加入适量的钴、钒等元素和稀有金属元素后，能改进其切削性能，并能提高硬度、耐磨性和热硬性，可用于加工耐热钢、不锈钢、高温合金和高强度钢等。如含钴高速钢 W6Mo5Cr4V2Co5，其硬度比通用高速钢高；W9Mo3Cr4V3Co10 属超硬型高速钢。含钴高速钢具有较高的硬度、高温硬度和较好的冲击韧性，适用于强力切削和加工不锈钢和高强度钢等难加工材料。其他还有高钒高速钢，含铝（Al）、硅（Si）、铌（Nb）等元素的超硬高速钢和高碳高速钢，以及不断出现的新牌号高速钢。

采用粉末冶金的方法制成的粉末冶金高速钢（简称粉冶钢），具有细小均匀的结晶组织，故强度和韧性均有显著提高，并具有磨削性能好和热处理变形小等优点。

(2) 硬质合金　硬质合金是由高硬度难熔的金属碳化物和金属粘结剂，用粉末冶金工艺制成。用于制造刀具的硬质合金，碳化物有碳化钨（WC）、碳化钛（TiC）等，粘结剂以钴（Co）为主。硬质合金的硬度为 74～82HRC，硬度高，耐磨性也很好。其允许的最高工作温度为 900～1000℃，因此切削速度可比高速钢高几倍。可用作高速切削或加工硬度超过 40HRC 的硬材料，这是硬质合金得到推广使用的主要原因。但其韧性较差、承受冲击和振动性差；切削刃不易磨得非常锐利，低速时切削性能差；加工工艺性也较差。

切削加工用硬质合金按其切屑排出形式和加工对象的范围可分为三个主要类别，分别以字母 P、M、K 表示。P 类适于加工长切屑的钢铣材料（黑色金属），以蓝色作标志；M 类适于加工长切屑或短切屑的钢铣材料（黑色金属）和非铁金属（有色金属），以黄色作标志；K 类适于加工短切屑的钢铣材料（黑色金属）、非铁金属（有色金属）及非金属材料，以红色作标志。

1) K 类（钨钴类）硬质合金。它由硬质相碳化钨（WC）和金属粘结剂钴（Co）组成，它的代号是 K，牌号是 YG。常用的有 K01（YG3X）、K10（YG6X）、K20（YG6）、K30（YG8）等。牌号中的数字表示钴的质量分数，其余是碳化钨。含钴量越多，韧性越好，越耐冲击和振动，但会降低硬度和耐磨性。因此粗加工时采用含钴量多的牌号，如 YG8（K30）；精加工时采用含钴量少的牌号。

在牌号后面加汉语拼音字母 X，表示细晶粒；加 J 表示极细晶粒；加 C 表示粗晶粒；后面不加字母均为中晶粒。细晶粒比中晶粒硬质合金的硬度和耐磨性高些，适用于制作精密加工的刀具；粗晶粒比中晶粒硬质合金的强度和韧性高些，但硬度低，尤其是高温硬度降低很多，故不常用。

K 类（钨钴类）硬质合金的韧性、磨削性能和导热性均比较好，但在切削过程中会形成疏松的氧化钨，耐磨性差。因此适用于切削铸铁、非铁金属（有色金属）及其合金，以及非金属材料等,在切钢件时磨损较快。但对冲击性大的毛坯和淬过火的钢件,以及含钛和热导率低的钢件(如不锈钢等),也采用钨钴类硬质合金刀具来加工。

2)P类(钨钛钴类)硬质合金。它由硬质相碳化钨(WC)、碳化钛(TiC)和金属粘结剂钴(Co)组成,它的代号是P,牌号是YT。常用的有P30(YT5)、P10(YT15)和P01(YT30)等。牌号中数字表示碳化钛的质量分数。硬质合金加入碳化钛以后,能提高与钢的熔结温度,减小摩擦因数,并能使硬度和耐磨性略有增加,但降低了抗弯强度和韧性,使之变脆。因此钨钛钴类硬质合金适用于切削钢件。另外,对于含碳化钛多的硬质合金,为了不降低其硬度和耐磨性,其含钴量就比较少,如P01(YT30)中钴的质量分数为4%,适宜于精加工;反之含碳化钛少的硬质合金,含钴量就比较多,如P30(YT5)中钴的质量分数为10%,以增加其韧性和抗冲击性,适宜于粗加工。

3)M类〔钨钛钽(铌)钴类〕(通用)硬质合金。它是在P类硬质合金中加入适量稀有金属的碳化物,如碳化钽(TaC)和碳化铌(NbC)等,其代号是M,牌号为YW。常用的有M10(YW1)和M20(YW2)等。M类硬质合金又称通用硬质合金,由于加入了稀有金属的碳化物,能使其晶粒细化,提高了其常温硬度和高温硬度、耐磨性、粘结温度和抗氧化性,而且还能使合金的韧性有所增加。因此M类硬质合金具有较好的综合切削性能和通用性,能够加工钢件、脆性金属(如铸铁等)和非铁金属(有色金属)等。但其价格较贵,所以主要用于切削难加工材料,如高强度钢、耐热钢和不锈钢等。

在K类硬质合金中加入稀有金属的碳化物,也能提高综合切削性能,故也属通用硬质合金,其牌号有YA6(即YG6A 代号为K10)和YG8N(K20)等。这类硬质合金可用于加工冷硬铸铁、非铁金属(有色金属)、高锰钢、淬硬钢等难切削材料,也适宜于加工常见的一般材料。

随着冶金技术的发展,性能好的新型号的硬质合金将越来越多。其中有专用于铣削的硬质合金,如YTM30(M30)、YTS25和YT798等。这些牌号的硬质合金,能承受很大的冲击载荷,而且热硬性也很好。此外,还有碳化钛基硬质合金和超细晶粒硬质合金等,它们都具有很高的常温硬度和高温硬度,其寿命比通用硬质合金还要长很多,是精加工用铣刀的良好材料。

3. 涂层刀具材料

涂层刀具材料是在以硬质合金或高速钢为基体的刀具材料上,涂上一层高硬度和高耐磨的涂层材料,其厚度仅几微米。涂层材料主要有TiC、TiN、TiC-TiN(复合)和陶瓷等,其中以微晶TiC和TiN用得最多。基体材料一般以韧性较好的硬质合金和高速钢为主,如P10、P30、K30和W18Cr4V等。由于涂层材料的硬度高、化学稳定性好、摩擦因数小及不易产生扩散磨损,故涂层刀具在切削加工过程中,具有切削力小、切削温度较低和显著提高切削性能和延长刀具寿命等优点。一般硬质合金刀具涂层后,寿命可延长 1～3 倍;高速钢刀具涂层后,寿命可延长 2～10 倍。目前较先进的涂层刀具,为了综合各种涂层材料的优点,用涂敷两种和两种以上材料作复合涂层,如 TiC-TiN 和 Al_2O_3-TiC 复合涂层。涂层高速钢在成形铣刀上已广泛推广应用。

超硬刀具材料有天然金刚石、聚晶人造金刚石和聚晶立方氮化硼等。其中制作铣刀用刀片的主要是聚晶人造金刚石和聚晶立方氮化硼(简称CBN),前者主要用于精加工非铁金属(有色金属)和非金属材料;后者主要用于精加工和半精加工淬硬钢、耐磨铸铁和高温合金等。超硬刀具材料可切削极硬材料，而且能保持长时间的尺寸稳定性，同时刀具刃口极锋利，摩擦因数也很小，很适合超精加工。超硬刀具材料还可烧结在硬质合金表面，制成复合刀片。这种刀片既有很高的硬度和耐磨性，又有一定的韧性。

二、铣刀的种类及标记

1. 铣刀的种类

铣刀的种类很多，分类方法也较多，现按常见的几种分类方法介绍如下。

（1）按切削部分的材料分类

1）高速钢铣刀。这类铣刀目前用得很多，尤其是形状复杂的铣刀和成形铣刀，大多用高速钢制造。为了节省高速钢，直径较大且较厚的铣刀，大都做成镶齿的。为了提高生产效率和铣刀寿命，成形铣刀很多采用涂层刀齿。

2）硬质合金铣刀。面铣刀多采用硬质合金刀片做刀齿，其他铣刀中采用硬质合金刀片的也日渐增多。自从可转位硬质合金刀片广泛应用以来，硬质合金在铣刀上的使用也日益广泛。

（2）按铣刀用途分类

1）加工平面用的铣刀。加工平面用的铣刀主要有面铣刀和圆柱形铣刀，加工较小的平面，也可用立铣刀和三面刃铣刀。

2）加工沟槽用的铣刀。加工直角沟槽用的铣刀有立铣刀、三面刃铣刀、键槽铣刀、槽铣刀和锯片铣刀等。加工成形槽的有 T 形槽铣刀、燕尾槽铣刀和角度铣刀等。

3）加工成形面用的铣刀。根据成形面的形状而专门设计的成形铣刀又称成形铣刀，如半圆形铣刀和专门加工叶片成形面及特殊形状的根部沟槽的专用铣刀。另外，像铣削齿轮用的齿轮铣刀等，都是成形铣刀。

（3）按铣刀刀齿的构造分类

1）尖齿铣刀。在垂直于主切削刃的截面上，其齿背的截形是由直线或折线组成的，如图 1-1a 所示。由于制造和刃磨均较容易，刃口也较锋利，因此生产中常用的铣刀大都是尖齿铣刀，如圆柱形铣刀、面铣刀、立铣刀和三面刃铣刀等。

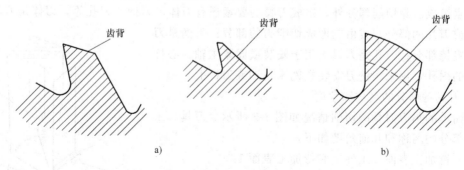

图 1-1　铣刀刀齿的构造形式
a）尖齿铣刀　b）铲齿铣刀

2）铲齿铣刀。在刀齿截面上，其齿背的截形是一条特殊曲线（见图 1-1b），一般为平面螺旋线（即阿基米德螺旋线），是在铲齿机床上加工出来的。这种铣刀的特点是刃磨时只磨前刀面，在刃磨以后，只要前角不变，则刀齿的刃口形状也不会改变。为了刃磨方便起见，铲齿铣刀的前角一般都做成 0°。铲齿铣刀的缺点是制造费用较大，切削性能较差。成形铣刀为了保证刀齿形状不变，都采用铲齿铣刀，如铣成形面用的铣刀以及铣削齿轮用的齿轮铣刀等。

2. 铣刀的标记

（1）铣刀标记的内容　为了便于辨别铣刀的规格、材料和制造单位等，在铣刀上都刻有标记。铣刀标记的内容主要包括下列几个方面：

1）制造厂的商标。我国制造铣刀的工具厂很多，主要有：上海工具厂、哈尔滨量具刃具厂、成都量具刃具厂等，各厂都有自己的标记。

2）制造铣刀的材料。一般均用材料的牌号表示，如 W18Cr4V。

3）铣刀尺寸规格。铣刀标记中的尺寸均为基本尺寸，铣刀在使用和刃磨后尺寸会发生变化。

（2）各类铣刀尺寸规格的标注　铣刀尺寸规格的标注方法，随铣刀的形状不同而略有区别。

1）圆柱形铣刀、三面刃铣刀和锯片铣刀等均以外圆直径×宽度×内孔直径来表示。如在圆柱形铣刀上标有 80×100×32，则表示此铣刀的外圆直径为 80mm、宽度为 100mm、内孔直径为 32mm。

2）立铣刀和键槽铣刀等一般只标注外圆直径。

3）角度铣刀和半圆铣刀等，一般以外圆直径×宽度×内孔直径×角度（或圆弧半径）表示。如在角度铣刀上标有 75×20×27×60°，则表示外径为 75mm、宽度（或称厚度）为 20mm、孔径为 27mm 的 60°角度铣刀。同样如在角度铣刀上标有 75×20×27×8R，则表示圆弧半径为 8mm。

其他各种铣刀的尺寸规格标记方法都大致相同，都以表示出铣刀的主要规格为目的。常用的标准铣刀的规格可参考相关资料。

三、铣刀主要部分的名称和角度

铣刀是多切削刃刀具，每一个刀齿相当于一把简单的刀具（切刀）。刀具上起切削作用的部分称为切削部分（多刃刀具有多个切削部分），它是由切削刃、前面及后面等产生切屑的各要素组成。除切削部分外，组成刀具的要素还有刀体、刀柄、刀孔等。刀体是刀具上夹持刀条或刀片的部分，或由它形成切削刃的部分；刀柄是刀具上的夹持部分；刀孔是刀具上用于安装或固紧主轴、心杆或心轴的内孔，用来将铣刀安装在铣床主轴或刀杆上。

1. 刀具各部分的名称和角度

最简单的单刃刀具的切削情况如图 1-2 所示。刀具、工件上各部分的名称和几何角度如下：

（1）待加工表面　工件上有待加工表面 1。

（2）已加工表面　工件上经刀具切削后产生的表面 6。

（3）基面　是指图上的假想平面 3，它是通过切削刃上选定点并与该点切削速度方向垂直的平面。

（4）切削平面　图 1-2 上的假想平面 7，它是通过切削刃上选定点并与基面垂直的平面。在图 1-2 中，切削平面与已加工表面重合。

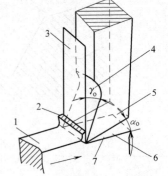

图 1-2　切刀各部分名称和几何角度
1—待加工表面　2—切屑
3—基面　4—前面　5—后面
6—已加工表面　7—切削平面

（5）前面　刀具上切屑 2 流过的表面 4。

（6）后面　与工件上切削中产生的已加工表面相对的表面 5。

（7）切削刃　刀具前面上拟作切削用的切削刃，是图上前面 4 和后面 5 的相交线。

（8）前角　前面与基面之间的夹角，代号是 γ_o。

（9）后角　后面与切削平面的夹角，代号是 α_o。

2. 圆柱形铣刀各部分的名称和角度

若将几把切刀分布在一个圆周上，组成如图 1-3 所示的圆柱形铣刀。由于铣刀呈圆柱形，故圆柱形铣刀上的基面是通过切削刃并包含轴线的假想平面，其他铣刀上的基面位置也是如此；铣刀上的切削平面也是通过切削刃并与基面垂直的平面。圆柱形铣刀上的各部名称和角度如图 1-3b 所示。

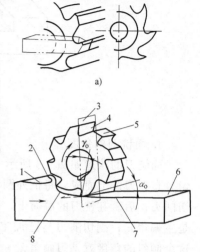

在圆柱形铣刀切削过程中，工件上会形成三种表面，除待加工表面和已加工表面外，还有过渡表面。过渡表面是指工件上由切削刃形成的那一部分表面，它在下一切削行程、刀具或工件的下一转里被切除，或者由下一切削刃切除。过渡表面可以简单理解成是切削过程中待加工表面和已加工表面之间的连接表面，如图 1-3 中的表面 8。

图 1-3　圆柱形铣刀及其组成部分

a）组成方式　b）各部分名称及角度

1—待加工表面　2—切屑　3—基面
4—前面　5—后面　6—已加工表面
7—切削平面　8—过渡表面

为了使铣削平稳，排屑顺畅，圆柱形铣刀的刀齿一般都做成螺旋形。螺旋齿切削刃的切线与铣刀轴线间的夹角称为圆柱形铣刀的螺旋角，代号是 β，如图 1-4 所示。

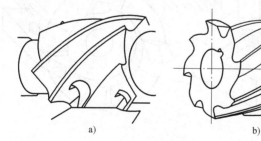

图 1-4　螺旋齿圆柱形铣刀

a）铣削过程　b）螺旋角

3. 三面刃铣刀的角度

三面刃铣刀也可看成是由几把简单的切槽刀具组成的。图 1-5a 是一把切沟槽的刀具，为了减少刀具两侧对沟槽两侧的摩擦，在刀具两侧加工出副后角 α_o' 和副偏角 κ_r' 两个角度。将几把切槽刀具布置在一个圆盘上，就成为如图 1-5b 所示的三面刃铣刀了。

三面刃铣刀圆柱面上的切削刃是主切削刃，主切削刃也有直齿和斜齿（螺旋齿）两种，其几何角度前角、后角等与圆柱形铣刀相同。斜齿的三面刃铣刀，其齿以一定的间隔地向两个方向倾斜，以平衡切削过程中因刀齿倾斜而引起的轴向切削阻力，故称错齿三面刃铣刀。三面刃铣刀两侧面的切削刃是副切削刃。

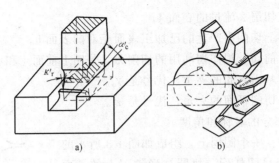

图 1-5　三面刃铣刀的构成

a) 切沟槽的刀具　b) 三面刃铣刀

4. 面铣刀的角度

面铣刀的构造如图 1-6 所示。面铣刀可以看成由几把外圆车刀平行铣刀轴线且沿圆周均匀分布在刀体上而成。每把外圆车刀有两条切削刃，前者在铣刀的圆锥面或圆柱面上，是主切削刃；后者在铣刀的端面上，是副切削刃。主切削刃与已加工表面之间的夹角（指锐角）是主偏角 κ_r；副切削刃与已加工面之间的夹角是副偏角 κ'_r。还有的主切削刃与基面倾斜，这个倾斜的角度就是刃倾角 λ_s。切削时，刀尖先切削工件，λ_s 为正值；反之为负值。图 1-6 所示的 λ_s 为负值。

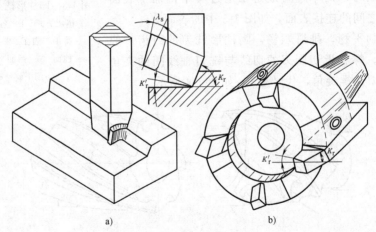

图 1-6　面铣刀的构成

a) 外圆车刀　b) 构成方式

第二节　铣削运动和铣削用量

一、铣削的基本运动

铣床为了实现铣削加工，必须使铣刀和工件作相对运动，它包括主运动和进给运动两种。

1. 主运动

主运动是切除工件表面多余材料所需的基本运动，是指直接切除工件上待加工层，使之转变为切屑的主要运动。主运动是形成机床切削速度或消耗主要动力的运动。铣削时，铣刀的旋转运动是主运动。

2. 进给运动

进给运动是使工件切削层材料相继进入切削，从而加工出完整表面所需的运动，铣削运动中，工件的移动或回转、铣刀的移动等都是进给运动。其包括断续进给和连续进给。

（1）断续进给　控制切削刃切入被切层深度的进给运动。

（2）连续进给　沿着所要形成的工件表面的进给运动。

进给运动按运动方向又分为：沿工作台面长度方向的纵向进给；沿工作台面宽度方向的横向进给；垂向进给等进给运动。

二、铣削用量的基本概念

铣削用量（见图 1-7）包括铣削速度、进给量、侧吃刀量和背吃刀量。合理选择铣削用量，对保证零件的加工精度与加工表面质量、提高生产效率、提高铣刀的寿命、降低生产成本，都有着密切的关系。

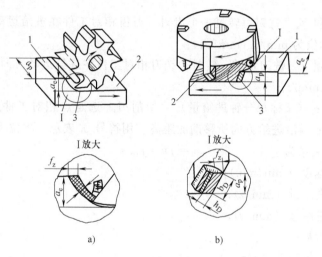

图 1-7　铣削用量
a）周边铣削　b）端面铣削
1—待加工表面　2—已加工表面　3—过渡表面

1. 铣削速度 v_c

铣削时铣刀切削刃选定点相对于工件主运动的瞬时速度称为铣削速度。铣削速度可以理解为切削刃上选定点在主运动中的线速度，即切削刃上离铣刀轴线距离最远处的点在 1min 内移动的距离。计算时一般以铣刀切削刃最外处的直径代入。铣削速度的单位是 m/min。

铣削速度在铣床上是以主轴的转速来调整的。但是对铣刀使用寿命等因素的影响，是以铣削速度来考虑的。因此，大都在选择好合适的铣削速度后，再根据铣削速度来计算铣床主轴转速。

$$v_c = \frac{\pi d_0 n}{1000} \tag{1-1}$$

$$n=\frac{1000v_c}{\pi d_0} \tag{1-2}$$

式中　v_c——铣削速度（m/min）；

　　　d_0——铣刀直径（mm）；

　　　n——铣刀（或铣床主轴）转速（r/min）。

例 1-1　在 X6132 铣床上，用直径为 80mm 的圆柱形铣刀，以 25m/min 的铣削速度进行铣削。问主轴转速应调整到多少？

解　已知 $d_0=80$mm；$v_c=25$m/min。

$$n=\frac{1000v_c}{\pi d_0}=\frac{1000\times 25\text{m/min}}{\pi\times 80\text{mm}}=99.5\text{r/min}$$

故根据铣床铭牌，实际上应调整为 95r/min。

2. 进给量 f

刀具在进给运动方向上相对工件的位移量，称为进给量。在铣削加工中进给量有三种表示方法。

（1）每齿进给量 f_z　铣刀每转过一个齿时，刀齿相对工件在进给运动方向上的位移量。用符号 f_z 表示，单位为 mm/z（mm/齿）。

（2）每转进给量 f　铣刀每转一转时，铣刀相对工件在进给运动方向上的位移量。用符号 f 表示，单位为 mm/r。

（3）进给速度 v_f（又称每分钟进给量）　切削刃上选定点相对工件进给运动的瞬时速度。即铣刀在 1 min 内沿进给方向所移动的距离。用符号 v_f 表示，单位为 mm/min。

三种进给量的关系为

$$v_f=fn=f_z zn \tag{1-3}$$

式中　v_f——进给速度（mm/min）；

　　　f_z——每齿进给量（mm/z）；

　　　f——每转进给量（mm/r）；

　　　z——铣刀齿数；

　　　n——铣床主轴转速（r/min）。

铣削时，根据加工性质先确定每齿进给量 f_z，然后根据所选用铣刀的齿数 z 和铣刀的转速计算出进给速度 v_f，并以此对铣床进给量进行调整（铣床铭牌上的进给量以进给速度 v_f 表示）。

例 1-2　用直径为 20mm，齿数为 3 的立铣刀，在 X5032 铣床上铣削。$v_c=25$m/min，$f_z=0.04$mm/z。求铣床的转速和进给速度。

解　已知 $v_c=25$m/min；$f_z=0.04$mm/z；$z=3$；$d_0=20$mm。

代入公式计算得

$$n=\frac{1000v_c}{\pi d_0}=\frac{1000\times 25}{\pi\times 20}=398\text{r/min}$$

根据铣床铭牌，实际选择转速为 300r/min。

$$v_f=f_z zn=0.04\text{mm/z}\times 3\times 300\text{r/min}=36\text{mm/min}$$

根据铣床铭牌，实际选择铣削速度为 37.5mm/min。

当计算所得的数值与铣床铭牌上所标数值不符时，可取与计算数值最接近的铭牌数值。

若计算数值处在铭牌上两个数值中间时，应取小的数值。

3. 背吃刀量 a_p　背吃刀量是指在通过切削刃基点并垂直于工作平面的方向上测量的吃刀量，用符号 a_p 表示，单位是 mm。

4. 侧吃刀量 a_e　侧吃刀量是在平行于工作平面并垂直于切削刃基点的进给方向上测量的吃刀量，用符号 a_e 表示，单位是 mm。

铣削时由于采用的铣削方法和选用的铣刀不同，侧吃刀量和背吃刀量不同。图 1-8 所示为周边铣与端面铣时背吃刀量与侧吃刀量的表示。不难看出，无论采用周边铣或是端面铣，背吃刀量 a_p 都表示铣削弧深，因为不论采用哪一种铣削方式，其铣削弧深方向均垂直于铣刀轴线。

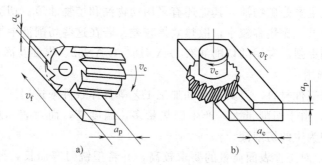

图 1-8　背吃刀量和侧吃刀量
a) 周边铣　b) 端面铣

第三节　切　削　液

切削液是为了提高切削加工效果而使用的液体。切削过程中合理选择使用切削液，可降低切削区的温度、减少机械摩擦、减小工件热变形和表面粗糙度值，并能延长刀具使用寿命，提高加工质量和生产效率。一般来说，正确使用切削液，可提高切削速度 30% 左右，降低切削温度 100～150℃，减少切削力 10%～30%，延长刀具寿命 4～5 倍。

一、切削液的作用

1. 冷却作用

在铣削过程中，会产生大量的热量，致使刀尖附近的温度很高，而使切削刃磨损加快。充分浇注切削液能带走大量热量和降低温度，起到冷却工件和刀具的作用，有利于提高生产率、产品质量和延长铣刀寿命。

2. 润滑作用

在铣削时，切削刃及其附近与工件被切削处发生强烈的摩擦，这种摩擦一方面会使切削刃磨损；另一方面会增大表面粗糙度值和降低表面质量。润滑性好的切削液，可以减少工件、切屑与铣刀之间的摩擦，提高加工表面的质量和减慢刀齿磨损。

3. 冲洗作用

在浇注切削液时，能把铣刀齿槽中和工件上的切屑冲去，尤其在铣削沟槽等切屑不易排出的地方，较大流量的切削液能把切屑冲出来。使铣刀不因切屑阻塞而影响铣削；也可避免细小的切屑在切削刃与加工表面之间挤压摩擦而影响表面粗糙度。

二、切削液的种类、性能和选用

1. 切削液的种类和主要性能

切削液根据其性质不同而分为水基切削液和油基切削液两大类。水基切削液是以冷却为主、润滑为辅的切削液，包括合成切削液（水溶液）和乳化液两类，铣削中常用的是乳化液。油基切削液是以润滑为主、冷却为辅的切削液，包括切削油和极压油两类，铣削中常用的是切削油。

（1）乳化液　乳化液是把乳化油加 10～20 倍的水稀释而成的乳白色液体。乳化液价格低廉、流动性好和比热容大，粘度小，冷却作用良好，并具有一定的润滑性。若再加入适量（约 15%）的极压添加剂（含硫、磷、氯等元素）和防锈添加剂，则性能更佳。主要用于钢、铸铁和非铁金属（有色金属）的切削加工。

（2）切削油　主要是矿物油，其他还有采用动物油和植物油等。切削油具有良好的润滑性能，但流动性较差，比热容较小，散热效果较差。若在这些切削液中加入一定量的极压添加剂，则润滑作用更强。常用的切削油有 L-AN16、L-AN32、煤油及高速机械油等。

2. 切削液的选用

切削液应根据工件材料、刀具材料和加工工艺等具体条件来选用。

1）粗加工时，由于切削量大，产生的热量多，温度高，而对表面质量的要求却不高，所以应采用以冷却为主的切削液。

2）精加工时，对工件表面质量的要求较高，并希望铣刀寿命长，另外，由于精加工时切削量少，产生的热量也少，所以对冷却的作用要求不高。因此精加工时应选用以润滑为主的切削液。

3）铣削不锈钢和高强度材料时，粗加工用较稀的乳化液；精加工用含有极压添加剂的煤油、浓度高的乳化液和硫化油（柴油加 20% 脂肪和 5% 硫黄）等。

4）铣削铸铁和黄铜等脆性材料时，由于切屑呈细小颗粒状，和切削液混合后，容易堵塞冷却系统、机床导轨和丝杠、铣刀齿槽等。因此一般不用切削液。必要时可用煤油、乳化液和压缩空气。

5）用硬质合金铣刀作高速切削时，由于刀齿的耐热性好，故一般不用切削液，必要时用乳化液。

在使用切削液时，为了得到良好的效果，应注意以下几点：

①用硬质合金作高速切削时，若必须使用切削液，则应在开始切削之前就连续充分地浇注，以免刀片因骤冷而碎裂。

②切削液应浇到刀齿与工件接触处，即尽量浇注在靠近温度最高的地方。

③在使用切削液时，量要充分，而且一开始就使用，使铣刀得到充分冷却，并使工件的温度与室温接近，以减少热胀冷缩的影响。铣削时常用切削液的选用情况见表 1-1。

表 1-1　常用切削液选用表

加工材料	铣削种类	
	粗　　铣	精　　铣
碳　钢	乳化液、苏打水	乳化液（低速时质量分数为 1%～15%，高速时质量分数为 5%）、极压乳化液、混合油、硫化油、肥皂水溶液等
合金钢	乳化液、极压乳化液	同上

加工材料	铣 削 种 类	
	粗　铣	精　铣
不锈钢及 耐热钢	乳化液、极压乳化液 硫化乳化液 极压乳化液	氯化煤油 煤油加质量分数为 25% 的植物油 煤油加质量分数为 20% 的松节和 20% 的油酸、极 压乳化液 硫化油（柴油加质量分数为 20% 的脂肪和 5% 的硫 黄）、极压乳化液
铸　钢	乳化液、极压乳化液、苏打水	乳化液、极压乳化液 混合油
青　钢 黄　铜	一般不用，必要时用乳化液	乳化液 含硫极压乳化液
铝	一般不用，必要时用乳化液、混合油	菜子油、混合油 煤油、松节油
钢　铁	一般不用，必要时用压缩空气或乳化液	一般不用，必要时用压缩空气或乳化液或极压乳化液

第四节　常用量具

一、游标量具

游标量具是利用尺身和游标刻线间长度之差原理制成的量具。常用的游标量具有游标卡尺、高度游标卡尺、深度游标卡尺、齿厚游标卡尺和游标万能角度尺等。

1. 游标卡尺

游标卡尺是机械制造厂常用的量具之一，有 Ⅰ、Ⅱ、Ⅲ、Ⅳ、Ⅴ 五种型式。游标卡尺的测量范围较大，最大的可大于 1m。能用来测量出工件的长度、厚度、外径、内径、深度和中心距等。

（1）游标卡尺的结构　游标卡尺的式样很多，常用的如图 1-9 所示。

游标卡尺主要由尺身、游标、内测量爪、外测量爪、深度尺和紧固螺钉等组成。其测量范围有 0～125mm 和 0～150mm 等，因为带有深度尺，可测量深度，所以又称三用游标卡尺。有的游标卡尺设有微动装置，可以微调游标位置。带深度尺时测量范围上限不宜超过 300mm。

（2）游标卡尺的标记原理及读数　游标卡尺的卡身和游标上都有刻线，测量时配合起来读数。当卡身上的测量爪并拢时，主标尺的"零"标尺标记与游标尺的"零"标尺标记对正。此时，三用游标卡尺的深度端面也与右端面齐平。主标尺的标尺间隔为 1mm。游标尺的标尺间隔随游标卡尺的精度不同而异。

1）分度值为 0.1mm 的游标卡尺　主标尺的标尺间隔为 1mm。游标尺有 10 格，10 格的长度为 9mm，即标尺间隔为 0.9mm。主标尺与游标尺的标尺间隔相差 0.1mm，即游标卡尺的分度值为 0.1mm。

另一种分度值为 0.1mm 的游标卡尺，游标尺上 10 格是 19mm。主标尺 2 格与游标尺的标尺间隔相差 0.1mm。这种游标的标尺间距大，容易看清。

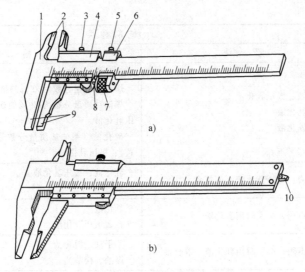

图 1-9　游标卡尺

a）带微动装置的游标卡尺　b）三用游标卡尺

1—尺身　2—内测量爪　3、5—制动螺钉　4—游标　6—微动装置
7—滚花螺母　8—螺杆　9—外测量爪　10—深度尺

如图 1-10a 所示分度值为 0.1mm 的游标卡尺，当游标尺上的第六个标尺标记与主标尺上的标尺标记对齐时，则主标尺和游标尺"零"标尺标记之间的距离为 0.6mm，即游标尺上标尺标记对齐的格数乘 0.1mm。当两测量爪合并时，主标尺和游标尺上的"零"标尺标

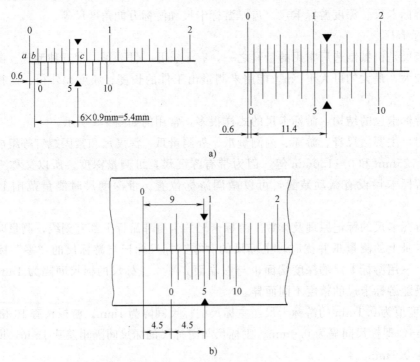

图 1-10　0.1mm 游标卡尺的读数方法

a）第六个标尺标记对齐　b）第五个标尺标记对齐

记对准，在把游标尺移到任意位置时，两"零"标尺标记之间的距离就是被测的尺寸。此时游标尺上"零"标尺标记到前一个主标尺上标尺标记间的距离，仍用上面方法来计算。如图1-10b 所示的尺寸，应通过下面三个步骤来读出：

①读出游标尺上"零"标尺标记左侧在主标尺上的整毫米数，为 4mm。

②读出游标尺上哪一个标尺标记与主标尺的标尺标记对齐，读出小数。图 1-10b 中为第五个标尺标记与主标尺的标尺标记对齐，是 5×0.1mm＝0.5mm。

③把上面两个读数相加，即为测得的尺寸。即 4mm＋0.5mm＝4.5mm。

2）分度值为 0.05mm 的游标卡尺。主标尺的标尺间隔为 1mm，游标尺上的 20 格等于主标尺上的 19mm，即游标尺的标尺间隔 0.95mm，主标尺 1 格与游标尺的标尺间隔相差 0.05mm。同样情况，也有游标尺上 20 格等于 39mm 的，则主标尺 2 格与游标尺的标尺间隔相差也是 0.05mm。游标卡尺的读数方法是相同的。

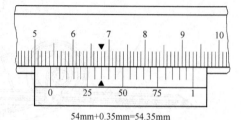

54mm+0.35mm=54.35mm

图 1-11　0.05mm 游标卡尺的读数方法

如图 1-11 所示的尺寸为 54mm＋0.05mm×7＝54.35mm。

3）分度值为 0.02mm 的游标卡尺。根据上面两种游标卡尺的标尺标记情况可知，分度值为 0.1mm 游标卡尺的游标尺是 10 格，即 1/10mm；分度值为 0.05mm 游标卡尺的游标尺是 20 格，即 1/20mm。根据这一原理，当主标尺的标尺间隔为 1mm 时，分度值为 0.02mm 游标卡尺的游标尺应是 50 格，即 1/50mm＝0.02mm。游标尺的标尺标记，均按此规则制造。所以分度值为 0.02mm 的游标卡尺，游标尺一般都是把 49mm 作 50 等分，主标尺与游标尺的标尺间隔相差 0.02mm。

图 1-12a 的尺寸为　3mm＋0.02mm×12＝3.24mm

图 1-12b 的尺寸为　60mm＋0.02mm×24＝60.48mm。

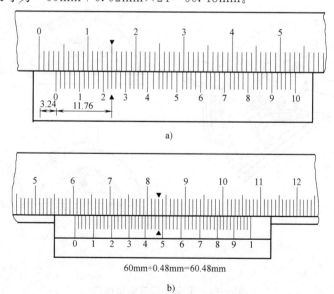

a)

60mm+0.48mm=60.48mm

b)

图 1-12　0.02mm 游标卡尺的读数方法

a）第 12 个标尺标记对齐　b）第 24 个标尺标记对齐

2. 游标万能角度尺

游标万能角度尺，可测任意角度的量尺，有Ⅰ、Ⅱ两种型号。常用的分度值有 5′、2′ 两种，测量范围为 0°～320° 和 0～360°。

（1）分度值为 5′ 的游标万能角度尺（Ⅱ型） Ⅱ型游标万能角度尺的结构如图 1-13a 所示。它由直尺 1、转盘 2、基尺 5 和主尺 3 等组成。直尺 1 可沿其长度方向在任意位置上固定。转盘上有游标 4。游标标尺标记的原理如图 1-13b 所示。主尺上标尺间隔为 1°，游标上自 0°开始，左右各分成 12 等份，这 12 等份的总角度是 23°，所以游标尺上每格是

$$\frac{23°}{12} = 115' = 1°55'$$

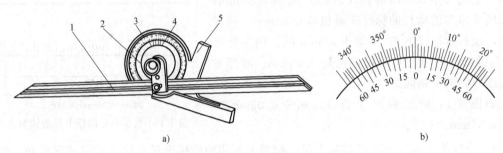

图 1-13 Ⅱ型游标万能角度尺

a）Ⅱ型游标万能角度尺外形 b）标尺

1—直尺 2—转盘 3—主尺 4—游标 5—基尺

主尺上 2 格与转盘上游标尺的 1 格相差为 5′（1°/12），故这种游标万能角度尺的分度值为 5′。

（2）分度值为 2′ 的万能角度尺（Ⅰ型） Ⅰ型游标万能角度尺如图 1-14a 所示，可以测

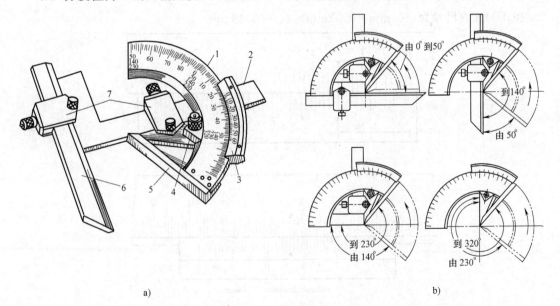

图 1-14 Ⅰ型游标万能角度尺

a）Ⅰ型游标万能角度尺外形 b）Ⅰ型游标万能角度尺测量方法示意图

1—主尺 2—直角尺 3—游标 4—锁紧装置 5—基尺 6—直尺 7—卡块

量0°~320°的任意角度。它由主尺1、基尺5、游标3、直角尺2、直尺6、卡块7和锁紧装置4等组成。基尺5随着主尺1沿着游标3转动，转到所需角度时，再用锁紧装置4锁紧。卡块7将直角尺2和直尺6固定在所需的位置上。图1-14b是Ⅰ型游标万能角度尺安置测量角度范围的方法，其读数方法与游标卡尺基本相同。

二、千分尺

千分尺是用微分筒读数的分度值为 0.01mm、0.001mm、0.002mm 或 0.005mm 的量尺。千分尺的种类很多，按用途不同区分，有外径千分尺、内径千分尺、深度千分尺、公法线千分尺等。常用千分尺的分度值为 0.01mm。

1. 外径千分尺

（1）外径千分尺的外形与结构　常用的外径千分尺的外形与结构如图1-15所示。转动测力装置上的棘轮12，可使测微螺杆8前进，当接触到工件时，棘轮在棘爪11的斜面上打滑，由于弹簧10的作用，使棘轮在棘爪上滑过，而发出"哒哒"声。如棘轮反方向转动，则螺杆退回。转动锁紧装置3，通过偏心装置可把螺杆紧固。松开罩壳9，可使测微螺杆8与微分筒7分离，进行零位调整。

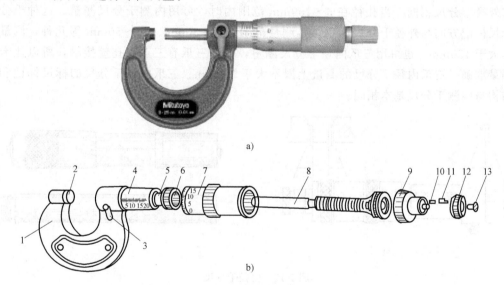

图 1-15　外径千分尺的结构形状

a）外形　b）结构

1—尺架　2—测砧　3—锁紧装置　4—固定套管　5—轴套　6—衬套

7—微分筒　8—测微螺杆　9—罩壳　10—弹簧　11—棘爪　12—棘轮　13—螺钉

（2）千分尺的标记原理及读数　千分尺的测微螺杆右端螺纹的螺距为 0.5mm，当微分筒转一周时，就带动测微螺杆推进 0.5mm。固定套管（主尺）上刻有标尺间隔为 0.5mm 的标尺标记，而微分筒圆周上共刻有 50 个标尺标记，因此当微分筒转过一格时，测微螺杆8就前进（或后退）0.01mm，即千分尺的分度值为 0.01mm。图1-16所示为千分尺的读数方法。千分尺的读数方法可分为以下三步：

1）读出固定套管显露在外的数值，此数值为整毫米数或半毫米数。

2）微分筒上哪一个标尺标记与固定套管上基准线对齐，并把此个数乘 0.01mm。

3）把两个读数加起来。

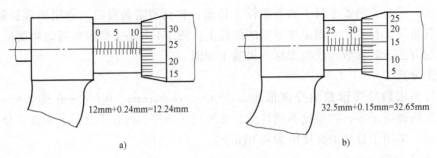

12mm+0.24mm=12.24mm

a)

32.5mm+0.15mm=32.65mm

b)

图 1-16　外径千分尺的读数方法
a）外形　b）结构

2. 其他千分尺

（1）内径千分尺　内径千分尺可用来测量内孔直径及槽宽等尺寸，包括内测千分尺（见图 1-17a）、两点内径千分尺（见图 1-17b）和三爪内径千分尺三种，这三种千分尺的内部结构与外径千分尺相同。当孔径在 5～150mm 范围内时，可用内测千分尺测量。这种千分尺的标尺标记方向与外径千分尺相反。其测量范围有 5～30mm、25～50mm 等几种，测量上限不大于 150mm。也可用三爪内径千分尺测量，由于三爪有三点与孔壁接触，所以比卡脚式测量准确。三爪内径千分尺的测量上限不大于 300mm。三爪内径千分尺的标尺标记和内部结构与内测千分尺基本相同。

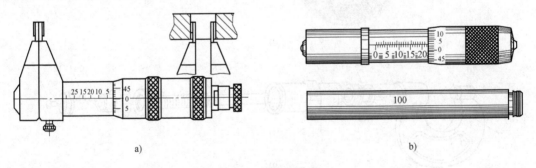

a)

b)

图 1-17　内径千分尺
a）内径千分尺　b）两点内径千分尺

测量大孔径时，可用两点内径千分尺。两点内径千分尺备有一套接长杆，故可测量上限不大于 6000mm。

（2）深度千分尺　深度千分尺是用来测量工件台阶、槽或孔的深度的，如图 1-18 所示。它的轴杆长度可根据工件不同尺寸进行调换，使其有较大的测量范围，其测量上限不大于 300mm。

（3）壁厚千分尺　壁厚千分尺是用来测量精密管形零件的壁厚的，如图 1-19 所示。测量面镶有硬质合金，测砧内侧成圆弧形，以便与孔壁接触。

（4）公法线千分尺　公法线千分尺是用来测量齿轮的公法线长度的，如图 1-20 所示。它的两个盘形测量面具有较高的平面度公差要求，以便插入齿槽精确测量。

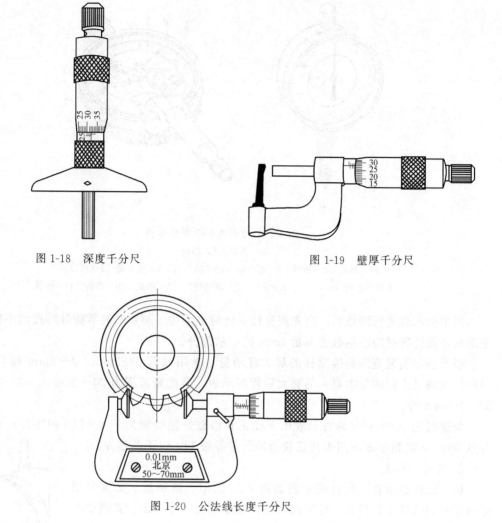

图 1-18 深度千分尺

图 1-19 壁厚千分尺

图 1-20 公法线长度千分尺

三、指示表

指示表的分度值有 0.10mm、0.01mm、0.002mm 和 0.001mm 四种，是一种指针可转一周以上的机械式量表。

1. 齿轮齿条传动指示表

指示表的外形和结构如图 1-21 所示。指示表测杆上齿条的齿距为 0.625mm，小齿轮的齿数为 16，两大齿轮的齿数均为 100，中间小齿轮的齿数为 10。当测杆向上运动 10mm 时，其齿条移动 16 个齿距（10mm/0.625mm＝16），齿条推动小齿轮也转过 16 个齿（即转动一周），大齿轮 4 也随之转动一周，中间小齿轮 5 和与其同轴的长针在大齿轮 4 的带动下将转动 10 周。由此可知，测杆每上升 1mm，指针转动一周，指示表的度盘上沿圆周共等分 100 小格，所以指针每转 1 小格，测杆的移动量为 0.01mm，故此指示表的分度值为 0.01mm。与大齿轮 7 同轴的转数指针 8 是用来记录长指针回转圈数的，此指针每转一周，转数指针在小度盘上转过 1 小格，也就是测杆移动 1mm。

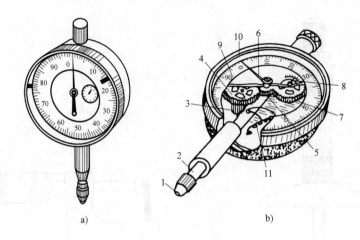

图 1-21　指示表的外形和结构

a）外形　b）结构

1—测头　2—测杆　3—小齿轮（$z=16$）　4、7—大齿轮（$z=100$）
5—中间小齿轮（$z=10$）　6—指针　8—转数指针　9—度盘　10—表圈　11—拉簧

　　使用指示表进行测量时，应先调整使指针对准零位。测量时转数指针转过的小格数为整毫米数，指针转过的小格数为不足 1mm 的小数部分。

　　指示表的测量范围是指测杆的最大移动量，常用的有 0～3mm；3～5mm 和 5～10mm 三种。为满足实际测量需要，另有大量程指示表，其测量范围为 20～30mm；30～50mm 和 50～100mm 等。

　　分度值为 0.01mm[⊖] 的指示表用于找正和检查公差等级为 IT6～IT9 的零件；而分度值为 0.001mm 的指示表则用于找正和检验公差等级 IT7 以下的零件。

　　2. 其他指示表

　　（1）杠杆指示表　杠杆指示表如图 1-22 所示。这种指示表主要用来找正孔和槽的安装位置。也可用来找正偏差不大的外表面。其测量范围一般都小于 1mm。

　　（2）内径指示表　内径指示表的外形如图 1-23a 所示，用来测量深孔或深的沟槽底部尺寸，其结构如图 1-23b 所示。在测头端部有一个可换测头 6，另一端有一个触头 1。测量内孔时，孔壁使触头 1 向左移动，推动了摆块 2，摆块 2 把测杆 3 向上推，从而推动了指示表触杆 5，这样指示表指针就会指出读数。测量完毕后，在弹簧 4 的作用下，测杆回到原位。

　　根据孔径的不同尺寸，可调换测头 6 的长短。

　　内径指示表还可测量孔的圆度、锥度以及槽两侧面的平行度等。要获得具体尺寸，还必须与外径千分尺或量块配合使用。

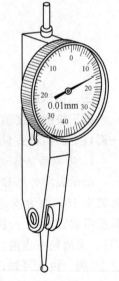

图 1-22　杠杆指示表

⊖分度值为 0.10mm 的指示表，也称为十分表；分度值为 0.01mm 的指示表，也称为指示表；分度值为 0.001mm 和 0.002mm 的指示表，也称为千分表。

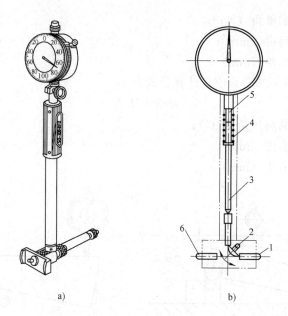

图 1-23　内径指示表

a）外形　b）结构

1—触头　2—摆块　3—测杆　4—弹簧　5—触杆　6—测头

四、正弦规

正弦规是利用三角法测量角度的一种精密量具。它的测量结果需用直角三角形的正弦关系来计算，所以叫正弦规。正弦规一般用来测量带有锥度或角度的零件。

正弦规由一个准确的长方体和两个精密圆柱组成，如图 1-24 所示。两个圆柱的直径相同。它的中心距要求很精确，一般有 100mm 和 200mm 两种。中心连线要与长方体平面严格平行。

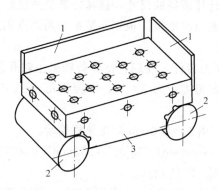

图 1-24　正弦规

1—挡板　2—圆柱　3—长方体

用正弦规测量零件，应在平板上进行，将圆柱的一端用量块垫高，使零件表面与平板表面平行，如图 1-25a 所示。这时根据所垫量块高度尺寸和正弦规中心距，用下面公式计算

$$\sin\alpha = H/L \qquad (1\text{-}4)$$

式中　α——被测零件的锥角（°）；

　　　H——所垫量块高度（mm）；

　　　L——正弦规中心距（mm）。

　　测量斜度时（见图 1-25b），测量计算公式为

$$\sin\beta = H/L \qquad\qquad (1-5)$$

式中　β——被测零件的斜角角度（°）；

　　　H——所垫量块高度（mm）；

　　　L——正弦规中心距（mm）。

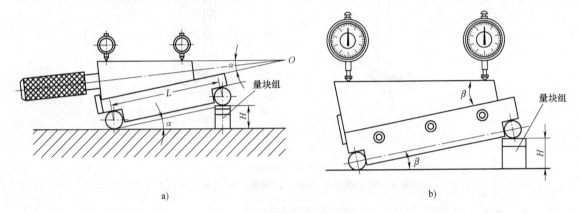

a)　　　　　　　　　　　　　　　　　　b)

图 1-25　用正弦规测量锥度和斜度

a）测量锥度　b）测量斜度

　　也可根据零件角度和正弦规中心距先算出高度，然后检查零件表面与平板平行度的误差，对锥体零件　　　　　　　　　　$H = L\sin\alpha$

对斜面零件　　　　　　　　　　$H = L\sin\beta$

　　在实际工作中，可根据计算所得的尺寸，选择好量块并垫好。再使指示表在工件两端相距 100（或 50 等）mm 处，测出高度差。根据高度差和两测点相距的尺寸，即可反算出锥度或斜度的差值。

　　例 1-3　有一自制的面铣刀刀杆，发现其锥体与铣床主轴孔接触不良，现用正弦规检验其锥角角度是否准确。已知其锥度应为 7：24，即圆锥角 $\alpha = 16°35'39''$。求在检验时应垫多少厚度的量块组？

　　解　已知 $\alpha = 16°35'39''$，用 $L = 200\text{mm}$ 的正弦规检验。

$$H = L\sin\alpha = 200\text{mm} \times \sin16°35'39'' = 200\text{mm} \times 0.28559 = 57.118\text{mm}$$

故量块组的厚度尺寸应是 57.118mm。

　　例 1-4　有一工件，其斜面角度为 30°，在用 100mm 的正弦规检验时，量块组的尺寸应为多少？

　　解　已知 $\beta = 30°$，$L = 100\text{mm}$。

$$H = L\sin\beta = 200\text{mm} \times \sin30° = 50\text{mm}$$

故量块组的厚度尺寸应是 50mm。

五、直角尺、刀口形直尺和塞尺

1. 直角尺

直角尺（见图1-26）用来检测工件相邻表面的垂直度。检测时，通过观察测量面与工件间透光缝隙的大小，判断工件相邻表面间的垂直误差，如图 1-27 所示。错误使用直角尺情形如图 1-28 所示。

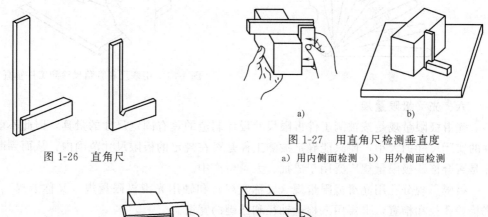

图 1-26　直角尺

图 1-27　用直角尺检测垂直度
a）用内侧面检测　b）用外侧面检测

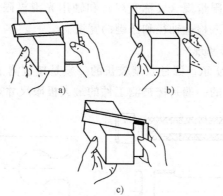

图 1-28　错误使用直角尺
a）尺身前后歪斜　b）尺身倒置　c）尺身左右歪斜

2. 刀口形直尺

刀口形直尺（见图1-29）是用透光法来检测工件平面的直线度和平面度误差的量具。检测工件时，刀口形直尺紧贴工件被测平面，然后观察平面与刀口之间透光缝隙大小，若透光均匀，则平面平直。

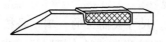

图 1-29　刀口形直尺

用刀口形直尺检测平面的平面度误差时，除沿工件纵向、横向检查外，还应沿对角线方向检查。

3. 塞尺

塞尺（见图1-30）是由一组不同厚度和薄钢片组成的测量工具。每片钢片都有精确的厚度并将其厚度尺寸标记在钢片上。塞尺主要用来检测两个结合平面之间的间隙大小，也可配合直角尺测量工件相邻表面间的垂直度误差，如图 1-31 所示。

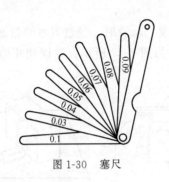

图 1-30　塞尺

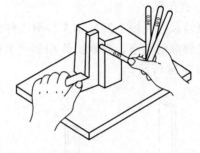

图 1-31　用塞尺和直角尺检测工件垂直度误差

六、光滑极限量规

光滑极限量规是按被测工件极限尺寸设计制造的具有固定尺寸的量具，因此不能测得工件的实际尺寸的大小，而只能确定被测工件是否在规定的极限尺寸范围内，从而判断工件尺寸是否合格。极限量规广泛用于成批、大量生产中。

极限量规分孔用光滑极限量规（又称塞规）和轴用光滑极限量规（又称卡规）。塞规用来检验孔径和槽宽，卡规用来检验轴径和凸键的宽度。

1. 孔用光滑极限量规（塞规）

塞规的形状如图 1-32a 所示。圆柱长度较长的一端是按被测工件的最小极限尺寸来制造的，是通端。圆柱长度较短的一端是按被测工件的最大极限尺寸来制造的，是止端。

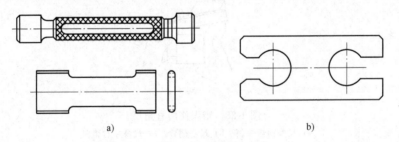

a)　　　　　　　　　　　　　　　　　b)

图 1-32　光滑极限量规

a）塞规　b）卡规

用塞规检验工件时，如果通端能通过，而止端不能通过，则说明这个工件是合格的。否则，就不合格，故其检测方便迅速。检验沟槽及较大孔径用的塞规，可做成扁平形。

2. 轴用光滑极限量规（卡规）

卡规的形状如图 1-32b 所示。尺寸大而长的一端，是按被测件的最大极限尺寸来制造的是通端。尺寸小而短的一端，是按被测件的最小极限尺寸来制造的，是止端。

用卡规检验工件时，也像用塞规检验一样，如果通端能通过，止端不能通过，表示该工件的尺寸在允许的公差范围内。

本 章 小 结

通过本章的学习，主要掌握以下内容：铣刀的材料、种类、几何角度及其正确选择；铣削的基本运动、铣削用量的计算和选择；切削液的作用、种类和选用方法；各种常用量具的结构、作用和使用方法。

复习思考题

1. 什么叫铣削？铣削经济加工的公差等级可达多少？

2. 制造铣刀切削部分的材料，应具备哪些性能？为什么？

3. 制造铣刀切削部分的材料，目前用得最多的是哪两类？各有什么特点？

4. 试述 W18Cr4V 的主要成分和性能。

5. 试述 K30（YG8）、K20（YG6）、P10（YT15）和 P30（YT5）四种硬质合金的主要成分和适用场合。

6. 涂层刀具材料有何优点？一般涂层用哪几种材料？基体用什么材料？

7. 铣刀按其用途不同可分为哪几类？

8. 尖齿铣刀和铲齿铣刀有什么不同？各有什么优缺点？

9. 在三面刃铣刀上标有"W18Cr4V"和"125×24×32"是什么意思？

10. 什么叫待加工表面、已加工表面及刀具的前面和后面？

11. 什么叫主运动和进给运动？铣削运动的主运动是什么？进给运动有哪些？

12. 什么叫铣削用量？铣削用量的要素有哪些？

13. 什么叫铣削速度？它与哪些因素有关？

14. 铣削时，进给量的表示形式有哪三种？它们之间的关系是什么？

15. 在 X6132 型铣床上用直径为 100mm，齿数为 10 的圆柱形铣刀铣削，铣削速度采用 28m/min，每齿进给量采用 0.08mm/z，求铣床的主轴转速及进给速度。

16. 切削液有哪些作用？

17. 切削液分哪两大类？各有什么特点？

18. 为什么在铣削铸铁等脆性金属，以及高速切削时，一般都不使用切削液？

19. 试述分度值为 0.10mm 游标卡尺的刻线原理。

20. II 型游标万能角度尺由哪几个部分组成？其游标分度值为多少？

21. 试述分度值为 2′游标万能角度尺的刻线原理。

22. 千分尺的分度值为多少？其值是怎样获得的？

23. 试述分度值为 0.01mm 的指示表的工作原理。

24. 用中心距为 200mm 的正弦规，测量角度为 10°的斜面，工件长 120mm。问应垫多少尺寸的量块组，才能使斜面与平板（或台面）平行？

25. 什么叫光滑极限量规，用光滑极限量规检验工件有什么特点？光滑极限量规分哪两类？其使用在场合有哪些？

第二章 平面、垂直面、平行面和斜面的铣削

教学目标 1. 了解顺铣和逆铣，熟练掌握平面的铣削方法和工件的装夹方法。

2. 熟练掌握垂直面和平行面的铣削方法。

3. 熟练掌握斜面的铣削方法。

教学重点 1. 平面的铣削方法和工件的装夹方法。

2. 垂直面和平行面的铣削方法。

3. 斜面的铣削方法。

教学难点 1. 平面的铣削方法和工件的装夹方法。

2. 斜面的铣削方法。

第一节 平面的铣削

用铣削方法加工工件的平面称为铣平面。铣平面是铣床加工的基本内容，也是进一步掌握铣削其他复杂表面的基础。

平面质量的好坏，主要从两个方面来衡量，即平面的平整程度和表面粗糙程度，分别用形状项目平面度和表面粗糙度来考核。

（1）平面度 图 2-1 中平面度公差为 0.05mm，表示长方体工件的上表面即六面体的顶面（在整个平面内）高低变化不允许超过 0.05mm。

（2）表面粗糙度 图 2-1 中的符号为$\frac{3.2}{\sqrt{}}$，表示顶部平面的表面粗糙度值，其允许偏差值为 $R_a 3.2\mu m$。

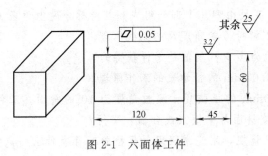

图 2-1 六面体工件

一、平面的铣削方法

在铣床上铣削平面的方法有两种，即周边铣削和端面铣削。

1. 周边铣削

周边铣削是利用分布在铣刀圆柱面上的切削刃来铣削并形成平面的。采用周边铣削的方法铣平面主要利用圆柱形铣刀在卧式铣床上进行，铣出的平面与铣床工作台台面平行。如图 2-2 所示为用一把圆柱形铣刀进行周边铣削（当铣刀旋转时可看作一个圆柱体，见图 2-2a）。当铣刀旋转，同时工件在铣刀下面以直线运动作进给，工件就被铣出

一个平面来。

由于圆柱形铣刀是由若干个切削刃组成的，所以铣出的平面有微小的波纹。要使被加工表面获得小的表面粗糙度值，工件的进给速度要慢一些，而铣刀的转速要适当增快。

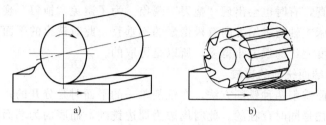

图 2-2　周边铣削

用周边铣削的方法铣出的平面，其平面度误差，主要决定于铣刀的圆柱度误差，因此在精铣平面时，要保证铣刀的圆柱度公差。当铣刀磨成略带圆锥形时，铣出的表面虽仍是平面，但与工作台台面（或工件底平面）倾斜一个角度；当铣刀磨成中间直径大、两端直径小时，会铣出一个凹面；若铣刀磨成中间直径小、两端直径大时，则会铣出一个凸面。因此，在精铣平面时必须保证圆柱形铣刀有较高的形状精度，即圆柱度误差要小。

2. 端面铣削

端面铣削是利用铣刀端面上的切削刃进行铣削并形成平面的，如图 2-3 所示。用端面铣削的方法铣出的平面，也存在一条条刀纹，刀纹的粗细（即表面粗糙度值的大小）也与工件的进给速度和铣刀的转速高低等许多因素有关。

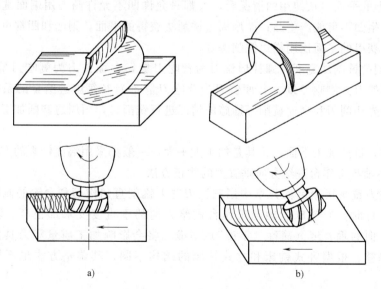

图 2-3　端面铣削
a）主轴与进给方向垂直　b）主轴与进给方向不垂直

用端面铣削的方法铣出的平面，其平面度误差主要决定于铣床主轴轴线与进给方向的垂直度误差。若主轴与进给方向垂直，则刀尖旋转时的轨迹为一个个与进给方向平行的圆环（见图 2-3a），在工件表面呈现出网状的刀纹。若铣床主轴与进给方向不垂直，铣刀刀尖会在工件表面铣出单向弧形刀纹，形成凹面（见图 2-3b）。如果铣削时进给方向是从面铣刀刀尖高的一侧移向刀尖低的一侧，还会产生"拖刀"现象，如图 2-3b 的下图所示。

在实际工作中，由于铣床主轴轴承的间隙及机床夹具和铣刀刚性较差等原因。即使铣床主轴与进给方向垂直，有时也会出现"拖刀"现象。为了避免"拖刀"现象，以减小表面粗糙度值，往往使铣床主轴与进给方向有极微量的不垂直，此时铣出的平面虽然是凹的，但程度极微，要比平面度允许的误差小得多，所以是可取的。

3. 周边铣削和端面铣削的比较

周边铣削和端面铣削两种铣削方法，在铣削单一的平面时是分开的；在铣削台阶和沟槽等组合面时，则往往是同时存在的。此时周边为周边铣削，而底面为端面铣削。现就铣削单一平面的情况，对端面铣削和周边铣削分析进行比较。

1）端面铣削时，由于面铣刀的刀杆短、刚性好，同时工作的刀齿比较多，故振动小，铣削平稳和效率高。

2）面铣刀的刀片装夹方便和刚性好，适宜于进行高速铣削和强力铣削，可提高生产率和减小表面粗糙度值。而周边铣削时，能一次切除较大的铣削层厚度（侧吃刀量 a_e）。

3）面铣刀的直径最大可达 1m 左右，故一次能铣出较宽的表面而无需接刀。周边铣削时工件加工表面的宽度受圆柱形铣刀宽度的限制不能太宽。

4）面铣刀的刃磨要求不太严格。切削刃和刀尖在径向上的尺寸不一致、在轴向上高低不平齐等对铣出平面的平面度是没有影响的，只对表面粗糙度有影响。但周边铣削中使用的圆柱形铣刀若刃磨质量差（圆柱度误差大），则直接影响加工平面的平面度误差。

5）零件上的平面，从使用的情况看，大都只允许凹不允许凸。用端面铣削法获得的平面，只可能产生凹不可能产生凸；而用周边铣削法获得的平面，则凸和凹都可能产生。因此用端面铣削法获得的平面比用周边铣削法好。

6）在相同的铣削层宽度（圆柱形铣刀为背吃刀量 a_p、面铣刀为侧吃刀量 a_e）、铣削层深度（圆柱形铣刀为侧吃刀量 a_e，面铣刀为背吃刀量 a_p）和每齿进给量的条件下，以及面铣刀不采用修光切削刃和高速铣削等措施的情况进行铣削时，用周边铣削加工出的表面粗糙度值小。

综上所述，目前加工平面，尤其是加工大平面，一般都采用端面铣削的方法。

4. 铣床主轴与工作台进给方向垂直度的找正方法

在用面铣刀铣平面或后面几章中用三面刃铣刀铣削直角沟槽和台阶的侧面，以及用锯片铣刀割断工件时，对铣床主轴与工作台进给方向的垂直度要求都很高。若铣床主轴与工作台进给方向的垂直度（简称"零位"）不准，将会影响加工质量和刀具使用寿命，因此必须仔细调整。根据卧式铣床和立式铣床的结构不同，其调整方法也不同，现分别介绍如下：

（1）立式铣床主轴轴线与工作台纵向进给垂直度（零位）的找正 立式铣床的立铣头有固定式和回转式两种。前者是不能调整的，现仅介绍回转式立铣头的找正方法。

1）用直角尺和锥度心轴进行找正（见图 2-4）。

2）用指示表进行找正。找正时，将角形表杆固定在立铣头主轴上，指示表安装在角形表杆上，指示表的测杆应与工作台台面垂直。然后使测头与工作台台面接触，测杆被压缩 0.3～0.5mm，记下指示表的读数；然后将立铣头扳转 180°，再次记下读数。两次读数的差

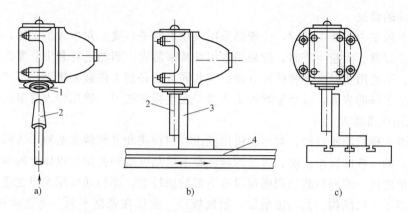

图 2-4　用直角尺和锥度心轴找正立铣头"零位"

a）将锥度心轴插入立铣头主轴轴孔　b）在纵向进给的平行方向的检测　c）在纵向进给的垂直方向的检测

1—立铣头主轴　2—锥度心轴　3—直角尺　4—工作台

值在 300mm 长度上不应大于 0.02mm，否则应微调立铣头，直到达到要求为止，如图 2-5 所示。若工作台台面与纵向进给的平行度较差或工作台台面不够光洁平整时，则可以用一块长度大于 300mm 的光洁平整的平行垫铁固定在工作台台面上，并把上平面找正成与纵向进给平行，以代替工作台台面。

（2）卧式铣床主轴轴线与工作台纵向进给方向垂直度（工作台"零位"）的找正。

1）利用回转盘刻度找正。找正时，只需使回转盘的"零"刻线对准鞍座上的基准线，铣床主轴轴线与工作台纵向进给方向即保持垂直。找正操作简单，但精度不高，只能适用一般要求的工件加工。

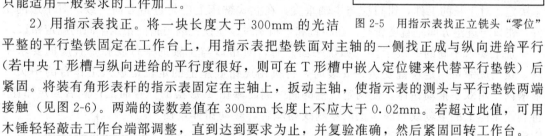

图 2-5　用指示表找正立铣头"零位"

2）用指示表找正。将一块长度大于 300mm 的光洁平整的平行垫铁固定在工作台上，用指示表把垫铁面对主轴的一侧找正成与纵向进给平行（若中央 T 形槽与纵向进给的平行度很好，则可在 T 形槽中嵌入定位键来代替平行垫铁）后紧固。将装有角形表杆的指示表固定在主轴上，扳动主轴，使指示表的测头与平行垫铁两端接触（见图 2-6）。两端的读数差值在 300mm 长度上不应大于 0.02mm。若超过此值，可用木锤轻轻敲击工作台端部调整，直到达到要求为止，并复验准确，然后紧固回转工作台。

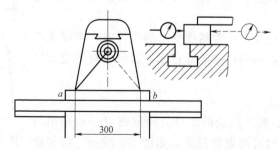

图 2-6　用指示表找正卧式铣床工作台"零位"

二、工件的装夹

在铣床上加工中小型工件时，一般都采用机用虎钳来装夹；对中大型工件，则多采用压板来装夹。在成批、大量生产时，应采用专用夹具来装夹。当然还有利用分度头和回转工作台等装夹的。不论用哪种夹具和哪种方法，其共同目的是使工件装夹稳固，不产生工件变形和不损坏已加工好的表面，以免影响加工质量，发生损坏铣刀、铣床和人身事故等。

1. 用机用虎钳装夹工件

机用虎钳又称机用平口钳，常用的机用虎钳有回转式和非回转式两种。当回转式机用虎钳需要将装夹的工件回转角度时，可按回转底盘上的刻度线和机用虎钳体上的零位刻线直接读出所需的角度值。非回转式机用虎钳没有下部的回转盘。回转式机用虎钳在使用时虽然方便，但由于多了一层结构，其高度增加，刚性较差。所以在铣削平面、垂直面和平行面时，一般都采用非回转式的机用虎钳。

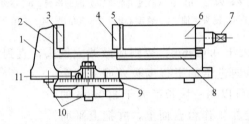

图 2-7 机用虎钳

1—钳体 2—固定钳口 3—固定钳口铁 4—活动钳口铁 5—活动钳口
6—活动钳身 7—丝杠方头 8—压板 9—底座 10—定位键 11—钳体零线

普通机用虎钳按钳口宽度区分有 100mm、125mm、136mm、160mm、200mm、250mm 共 6 种规格。

(1) 固定钳口的安装 把机用虎钳装到工作台上时，钳口与主轴的方向应根据工件长度来决定。对于长的工件，钳口应与主轴垂直，在立式铣床上应与进给方向一致。对于短的工件，钳口与进给方向垂直度较高。在粗铣和半精铣时，应使铣削力指向稳定牢固的固定钳口。

加工要求不高的一般工件（如铣平面）时，对钳口与主轴的平行度和垂直度的要求不高，机用虎钳可用定位键安装。安装时，将机用虎钳底座上的定位键放入工作台的中央 T 形槽内，用双手推动钳体，使两定位键的同一侧面靠在 T 形槽的一侧面上；然后固定钳座，再利用钳体上的零刻线与底座上的零刻线相配合，转动钳体，使固定钳口与铣床主轴轴线垂直或平行，也可以按需要调整成一定角度。

在铣削沟槽等有较高相对位置精度要求的工件时，则要求钳口与铣床主轴轴线有较高的平行度或垂直度，这时应对固定钳口进行找正。

(2) 固定钳口的找正

1) 利用划针找正。加工较长的工件，固定钳口一般采用与铣床主轴垂直安装，此时可用划针找正，如图 2-8 所示。将划针夹持在铣刀杆垫圈间，使划针针尖靠近固定钳口平面，纵向移动

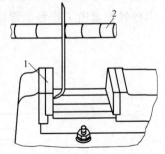

图 2-8 用划针找正固定钳口
1—固定钳口铁 2—铣刀杆

工作台，观察并调整机用虎钳位置，使划针针尖与固定钳口平面间的缝隙大小均匀，在钳口全长范围内一致，此时固定钳口就与铣床主轴垂直，紧固钳体后，须再进行复检，以免紧固时发生位移。用划针找正的方法精度比较低，常用于粗找正。

2）用直角尺找正固定钳口与铣床主轴轴线平行。当要求机用虎钳的固定钳口与铣床主轴平行安装时，可用直角尺找正，如图2-9所示。

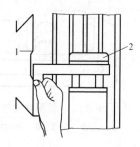

3）用指示表找正固定钳口与铣床主轴轴线垂直或平行。加工精密工件时，应用指示表对固定钳口位置精度进行找正。找正时，用磁性表座将指示表吸附在横梁导轨或垂直导轨上，并使指示表测头与机用虎钳的固定钳口接触，然后纵向或横向移动工作台，并调整机用虎钳位置使指示表上指针的摆差在允许范围内（见图2-10）。紧固钳体后，须再进行复检，以免紧固时发生位移。

图 2-9　用直角尺找正固定钳口
1—机床的垂直导轨面　2—机用虎钳固定钳口

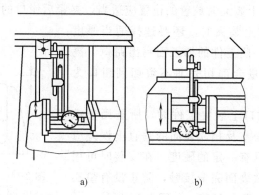

a)　　　　　　　　b)

图 2-10　用指示表找正固定钳口
a）固定钳口与铣床主轴轴线垂直　b）固定钳口与铣床主轴轴线平行

（3）用机用虎钳装夹工件

1）毛坯件在机用虎钳上的装夹。在把毛坯工件装到机用虎钳内时，必须注意毛坯表面的状况，若是表面粗糙不平或有硬皮，为防止损坏钳口，在钳口与工件之间垫上纯铜皮。先轻夹工件，用划线盘找正毛坯上表面，其位置符合要求后再将工件夹紧，如图2-11所示。

2）经粗加工的工件在机用虎钳上装夹。选择工件上一个较大的粗加工过的表面作基准面，将其靠在机用虎钳的固定钳口平面或钳体导轨面上进行装夹。

图 2-11　钳口垫纯铜皮和找正毛坯件

工件的基准面靠近固定钳口平面时，可在活动钳口与工件之间放置一圆棒，圆棒要与钳口上平面平行，其位置在钳口夹持工件高度的中间偏上。通过圆棒夹紧工件，能保证工件的基准面与固定钳口铁平面很好地贴合，如图2-12所示。

工件的基准面靠近钳体导轨面时，在工件与导轨面之间要垫上平行垫铁，如图2-13所示。

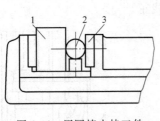

图 2-12　用圆棒夹持工件

1—工件　2—圆棒　3—活动钳口

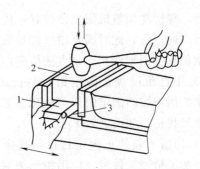

图 2-13　用平行垫铁装夹工件

1—平行垫铁　2—工件　3—钳体导轨面

（4）用机用虎钳装夹工件的注意事项

1）在铣床上安装机用虎钳时，应擦净铣床工作台台面、钳座底面；装夹工件时，应擦净钳口平面、钳体导轨面及工件表面。

2）工件在机用虎钳上装夹时放置的位置应适当，夹紧后钳口的受力应均匀。

3）工件在机用虎钳上装夹时，还要选择适当厚度的垫铁，垫在工件下面，使工件的加工面高出钳口。高出的尺寸以能把加工余量全部切完而不致切到钳口为宜，如图 2-14 所示。

4）用平行垫铁在钳口上装夹工件时，所选用垫铁的平面度误差、平行度误差及相邻表面的垂直度误差应符合要求，垫铁表面应具有一定的硬度。在安装时可用木锤敲击工件使其与垫铁表面完全接触，防止没有垫实工件而造成工件在铣削过程中下移，如图 2-13 所示。

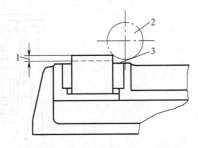

图 2-14　余量层应高出钳口上平面

1—待切除余量层　2—铣刀　3—钳口上表面

2. 用压板装夹工件

形状、尺寸较大或不便用机用虎钳装夹的工件，常用压板装夹在铣床工作台台面上进行加工如图 2-15 所示。尤其在卧式铣床上，用面铣刀铣削时用得最多。在铣床上用压板安装工件时，所用的工具比较简单，主要有压板、垫铁、T 形螺栓及螺母等，为了满足安装不同形状工件的需要，压板的形状也做成很多种。使用压板时应注意以下几点：

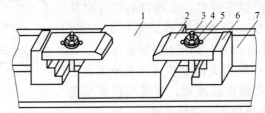

图 2-15　用压板装夹工件

1—工件　2—压板　3—T 形螺栓　4—螺母　5—垫圈　6—台阶垫铁　7—工作台台面

1）压板的位置要安排得适当，要压在工件刚性较好的地方，夹紧力的大小也应适当，防止刚性差的工件产生变形。

2）垫铁必须正确地放在压板下，高度要与工件相同或略高于工件，否则会降低压紧效果。

3）压板螺栓必须尽量靠近工件，并且螺栓到工件的距离应小于螺栓到垫铁的距离，这样能增大压紧力。

4）螺栓要拧紧，否则会因压力不够而使工件移动，以致损坏工件、机床和刀具。

5）用压板将工件已加工表面夹紧时，应在工件表面与压板之间垫纯铜皮，避免压伤工件已加工表面。

6）在铣床的工作台台面上，不能拖拉粗糙的铸件、锻件毛坯，并应在毛坯与工作台台面之间垫纯铜皮，以免将台面划伤或压伤。

三、顺铣和逆铣

铣削有顺铣与逆铣两种铣削方式。

1. 周边铣削时的顺铣和逆铣

（1）顺铣　铣削时，在铣刀与工件加工面的切点处，铣刀旋转切削刃的运动方向与工件进给方向相同的铣削；当铣刀对工件的作用力（铣削力）在进给方向上的分力与工件进给方向相同的铣削方式称为顺铣，如图 2-16 所示。

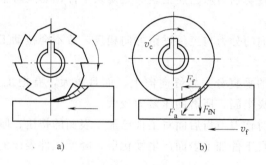

图 2-16　顺铣

a）运动方向　b）受力分析

1）顺铣的优点

①顺铣时的垂直分力始终向下，有压紧工件的作用。故铣削时较平稳，这对铣削工作是很有利的，尤其对不易夹紧的工件及细长或薄板形的工件更为合适。

②顺铣时切削刃是从切屑最厚处切入工件，并逐渐减小到零，切削刃切入容易。而且在切削刃切到已加工面时，铣刀刀齿后面对工件已加工表面的挤压、摩擦也小，故切削刃磨损较慢，加工出的工件表面质量较高。

③顺铣时消耗在进给运动方面的功率较小。

2）顺铣的缺点

①顺铣时，切削刃从工件的外表面切入，因此当工件是有硬皮或杂质的毛坯件时，切削刃容易磨损和损坏。

②顺铣时，由于沿进给方向的铣削分力与进给方向相同，所以会拉动工作台。当丝杠与螺母及轴承的轴向间隙较大时，在工作台被拉动后，由于每齿进给量突然增大，会造成刀齿折断，甚至使刀杆弯曲，工件和夹具会产生位移，而造成工件、夹具以至机床损坏等后果。所以在没有调整好丝杠的轴向间隙以及进给方向分力较大时，严禁用顺铣进行加工。

（2）逆铣　铣削时，在铣刀与工件加工面的切点处，铣刀旋转切削刃的运动方向与工件进给方向相反的铣削；当铣刀对工件的作用力（铣削力）在进给方向上的分力与工件进给方向相反的铣削方式称为逆铣，如图 2-17 所示。

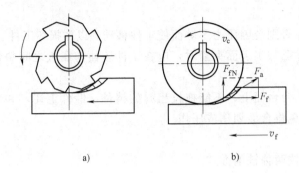

图 2-17 逆铣

a）运动方向　b）受力分析

1）逆铣的优点

①逆铣时，铣刀旋转切削刃从已加工表面处切入工件，切入时毛坯件的硬皮和杂质对切削刃损坏的影响较小。

②逆铣时，进给方向的分力与工件进给方向相反，故不会拉动工作台。

2）逆铣的缺点

①逆铣时，铣削力的垂直分力始终向向上，而且较大，有把工件从夹具内拉出来的倾向，因此对工件必须装夹牢固，所需的压紧力较大。

②逆铣时，在切入时铣刀刀齿后面对工件已加工表面的挤压、摩擦严重，故切削刃磨损加快，铣刀寿命降低，且工件加工表面产生硬化层，降低工件表面的加工质量，影响加工表面粗糙度。

③逆铣时，消耗在进给运动方面的功率较大。

综上所述，在铣床上周边铣削时，一般都采用逆铣。由于顺铣也有较多的优点，当把丝杠的轴向间隙调整到很小时可采用顺铣；另外，当进给方向的分力小于工作台导轨间的摩擦力时，也可采用顺铣，但应随时观察铣削过程中的情况。

2. 端面铣削时的顺铣和逆铣

端面铣削时，根据铣刀与工件之间的相对位置不同而分为对称铣削和非对称铣削两种。

（1）对称铣削　工件处在铣刀中间时的铣削称为对称铣削（见图 2-18）。铣削时，铣刀切入工件的一边称为切入边，切入边在进给方向的铣削分力与进给方向相反，为逆铣；铣刀切出工件的一边称为切出边，切出边在进给方向的铣削分力与进给方向相同，为顺铣。对称铣削时，在铣削层宽度（侧吃刀量）较小和铣刀齿数少的情况下，由于切削力在方向上的交替变化，故工件和工作台容易产生窜动。另外，在横向的水平分力较大，易造成窄长工件的变形和弯曲。所以只有在工件宽度接近铣刀直径时才采用对称铣削。

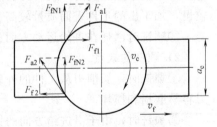

图 2-18 端面铣削的对称铣削

（2）非对称铣削　工件的铣削层宽度（侧吃刀量）偏在铣刀一边时的铣削称为非对称铣

削（见图 2-19）。即切入边和切出边的宽度不同，按两者宽度比例的不同，又可将其分为非对称顺铣和非对称逆铣两种。

1）在非对称逆铣中，切入边所占的铣削层宽度（侧吃刀量）大于切出边所占的铣削层宽度（侧吃刀量）。铣削时，逆铣部分占的比例大，各个刀齿上的作用力在进给方向上的分力与进给方向相反（见图 2-19a），所以不会拉动工作台。铣削时，从薄处切入，刀齿的冲击较小，故振动较小。而工件所受的垂直铣削力与铣削方式无关，因此在端面铣削时，常采用非对称逆铣。

2）在非对称顺铣中，切入边所占的铣削层宽度（侧吃刀量）小于切出边所占的铣削层宽度（侧吃刀量）。铣削时，顺铣部分占的比例大，各个刀齿上的作用力在进给方向上的分力与进给方向相同（见图 2-19b），故会拉动工作台，所以在端面铣削时，一般都不采用非对称顺铣。只有在铣削塑性和韧性好、加工硬化严重的（如不锈钢和耐热合金等）材料时才采用

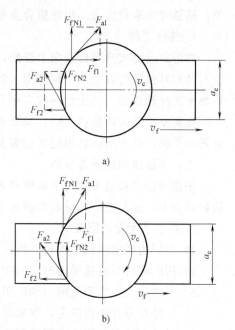

图 2-19　端面铣削的非对称铣削
a）非对称逆铣　b）非对称顺铣

不对称顺铣，以减少切屑粘附和提高刀具寿命。此时，必须调整机床丝杠副的传动间隙。

四、铣平面的步骤

1. 确定铣削方法、选择铣刀

1）在卧式铣床上用圆柱形铣刀铣平面时，圆柱形铣刀的宽度应大于加工平面的宽度。铣刀的直径，粗铣时由工件的切削层深度（侧吃刀量）大小决定，切削层深度（侧吃刀量）大，铣刀的直径也相应选择大一些的；精铣时一般取较大的铣刀直径，这样铣刀杆直径也相应较大，刚性较好，铣削时平稳，工件表面质量较好。在粗铣时选用粗齿铣刀，精铣时选用细齿铣刀。

2）用面铣刀铣平面时，面铣刀的直径应大于工件加工平面的宽度，一般为其 1.2～1.5 倍。

2. 装夹工件

铣削中小型工件的平面时，一般采用机用虎钳装夹；铣削形状、尺寸较大或不便于用机用虎钳装夹的工件时，可采用压板装夹。当工件的两面平行度较差时．应在钳口和工件之间垫较厚的纯铜片或厚纸，可借助铜皮的变形而使接触面增大，使工件装夹较稳固。

3. 确定铣削用量

1）周边铣削的铣削层宽度（背吃刀量）一般应等于工件加工面的宽度。

2）粗铣时，若加工余量不太多，则可一次切除；精铣时的铣削层深度（侧吃刀量）以 0.5～1mm 为宜。

3）每齿进给量一般取 $f_z＝0.02～0.3mm/z$。粗铣时，可取得大些；精铣时，则应采用较小的进给量。

4）对于铣削速度，用高速钢铣刀铣削时，一般取 $v_c＝16～35m/min$。粗铣时应取较小

值；精铣时应取较大值。用硬质合金面铣刀进行高速铣削时，一般取 $v_c = 80 \sim 120\text{m/min}$。

4. 铣削工件

在卧式或立式升降台铣床上铣削，都是由工作台带着工件向铣刀方向移动来完成工件与铣刀的相对位置的调整和实现铣削运动。移动工作台的方法有手动和机动两种，铣削位置的调整和工件趋近铣刀的运动一般多用手动完成；连续进给实现铣削多用机动方式。

在调整工件的切削位置时，如果不慎将手柄摇过了头，应将手柄倒转 1/2～1 圈，再重新摇动手柄，仔细地转到规定的位置上，以消除丝杠螺母副的间隙，防止尺寸出现错误。

五、平面铣削的质量分析

平面的铣削质量主要指平面度和表面粗糙度。它不仅与铣削时所用的铣床、夹具和铣刀的好坏有关，还与铣削用量和合理选用切削液等很多因素有关。

1. 影响平面度的因素

1）用周边铣削法铣平面时，圆柱形铣刀的圆柱度误差。

2）用端面铣削法铣平面时，铣床主轴轴线与进给方向不垂直。

3）工件受夹紧力和铣削力的作用产生的变形。

4）工件自身存在内应力，在表面层材料被切除后产生变形。

5）工件在铣削过程中，因铣削热引起的热变形。

6）铣床工作台进给运动的直线性差。

7）铣床主轴轴承的轴向和径向间隙大。

8）铣削时因条件限制，所用的圆柱形铣刀的宽度或面铣刀的直径小于工件被加工面的宽度而必须接刀，产生接刀痕。

2. 影响表面粗糙度的因素

1）铣刀磨损，刀具刃口变钝。

2）铣削时，进给量太大，铣削余量太多。

3）铣刀的几何参数选择不当。

4）铣削时，切削液选用不当。

5）铣削时有振动。

6）铣削时有积屑瘤产生，或有切屑粘刀现象。

7）铣削时有"拖刀"现象。

8）铣削过程中因进给停顿而出现"深啃"现象。

第二节　垂直面和平行面的铣削

垂直面和平行面的铣削除了与单一平面铣削一样需保证平面度和表面粗糙度要求外，还需保证相对于基准面的位置精度（如垂直度、平行度和倾斜度等）以及与基准面间的尺寸精度要求。长方体工件（见图 2-20）由六个平面组成，故又称六面体。各平面之间有位置和尺寸要求，如要求图中的顶面与底面平行；侧面与底面垂直；平面之间还有尺寸要求。由图 2-20 可知，底面是各连接面的基准面，应首先加工，并以其作为基准来加工其他各面。

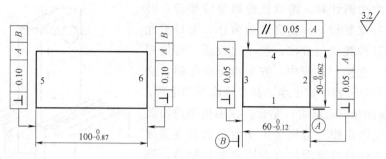

图 2-20　长方体工件工作图

一、用周边铣削法加工垂直面和平行面

1. 垂直面的铣削

垂直面是指与基准面垂直的平面。

（1）在卧式铣床上用机用虎钳装夹进行铣削　用机用虎钳装夹铣垂直面的情况如图 2-21 所示。铣削时，影响垂直度的因素主要有下列几个方面：

1）固定钳口与工作台台面不垂直。机用虎钳在制造时固定钳口与底面是垂直的。但在使用过程中，由于钳口磨损和底座有毛刺或切屑等原因，会造成固定钳口与底面不垂直。在铣削垂直度要求较高的垂直面时，需进行调整。

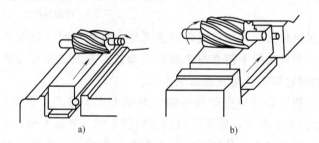

图 2-21　用机用虎钳装夹铣垂直面

a）钳口与铣床主轴垂直　b）钳口与铣床主轴平行

①在固定钳口处垫纯铜皮或纸片。在预铣时，铣出的平面与基准面的交角小于 90°，则把窄长的纯铜皮或纸条垫在钳口的上部；若铣出的垂直面夹角大于 90°，则应垫在钳口的下部，但这种情况较少见。要检查垫物的厚度是否准确，可试切一刀。测量后，再决定增添或减少。这种方法操作起来比较麻烦，且不易垫准，因此是在单件生产时的临时措施。

②在机用虎钳底平面垫纯铜皮或纸片。这种方法也能找正固定钳口与工作台台面的垂直度。若铣出的垂直面夹角小于 90°，则把纯铜皮垫在靠近固定钳口的一端；若大于 90°，则应垫在靠活动钳口后部的一端。这种方法也是临时措施，但加工一批工件只需垫一次。

③找正固定钳口的钳口铁（又称护片）。找正时最好用一块表面磨得很平、很光滑的平行垫铁，使光洁平整的一面紧贴固定钳口，在活动钳口处放置一圆棒或铜条，将平行垫铁夹牢。用指示表检验贴牢固定钳口的一面，使工作台作垂直运动，在上下移动 200mm 的长度上，指示表读数的变动应在 0.03mm 以内为合适（见图 2-22）。用平行垫铁辅助的目的是增加幅度，使偏差显著，容易找正。若发现指示表上的读数变动范围超过要求时，可把固定钳口上的钳口铁拆下来，根据差值的方向进行修磨。也可在钳口铁与固定钳口之间垫薄钢片。

钢片的厚度可按比例计算。钳口铁经修磨或垫准，并装好后，需进行重复检，一直到准确为止，钳口只允许略有内倾。这种找正的方法，经一次找正，可使用很长一段时间。在操作过程中，安装机用虎钳时，必须把底面和工作台台面擦拭干净，并去除底座的毛刺。

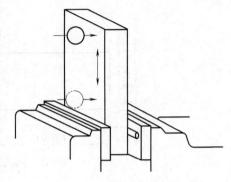

图 2-22　找正固定钳口的垂直度

2）基准面没有与固定钳口贴合。在用机用虎钳装夹工件时，即使固定钳口与铣床工作台台面的垂直度误差很小，若工件的基准面没有与固定钳口贴合，则铣出的平面与基准面就不垂直。造成不贴合的原因有以下几点：

① 工件基准面与固定钳口之间有切屑等杂物。因此在装夹时必须把基准面与固定钳口擦拭干净。

② 工件的两安装面不平行。夹紧时，钳口与工件基准面不是面接触而呈线接触，如图2-23a所示。为了避免这种情况的出现，可在活动钳口处放一圆棒（或窄长的纯铜皮），圆棒的位置以在钳口顶至工件底面的中间（见图 2-23b）为宜。

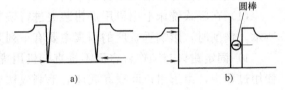

图 2-23　在活动钳口处安放圆棒
a）线接触状态　b）放入圆棒

3）铣刀圆柱度误差较大。将固定钳口安装成与主轴垂直时（见图 2-21a），若铣刀有锥度（刃磨成圆锥形），则铣出的平面会与基准面不垂直。若固定钳口安装得与主轴平行（见图 2-21b），则铣刀的圆柱度对铣垂直面影响不大。

4）夹紧力太大，使固定钳口变形而外倾。夹紧力太大是产生垂直度误差的重要因素。尤其在精铣时，夹紧力不能太大，更不能用接长夹紧手柄（或扳手柄）来夹紧。

5）基准面的平面度误差大。基准面的平面度差会影响工件装夹时的位置精度。因此铣削垂直面之前，基准面的加工必须达到规定的形状精度要求。

（2）以角铁装夹进行铣削　对基准面比较宽而加工面比较窄的工件，在铣削垂直面时，可利用角铁装夹在卧式铣床上进行铣削，如图2-24a所示。

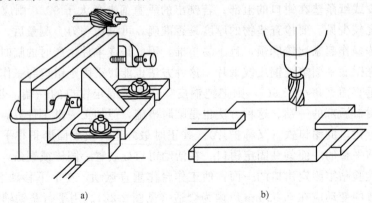

a)　　　　　　　　　　　　b)

图 2-24　铣宽而薄的垂直面
a）用角铁装夹　b）用压板装夹

（3）在立式铣床上用立铣刀进行铣削　对基准面宽而长，加工面较窄的工件，也可用压板装夹在立式铣床上用立铣刀加工，如图 2-24b 所示。采用纵向进给时，影响垂直度的主要因素是铣刀的圆柱度误差，采用横向进给时，影响垂直度的主要因素是铣刀的圆柱度误差和立铣头与纵向方向的垂直度误差。

2. 平行面的铣削

平行面是指与基准面平行的平面。铣削平行面时，一般都在卧式铣床上用机用虎钳装夹进行铣削。装夹时主要使基准面与工作台台面平行，因此在基准面与机用虎钳导轨面之间垫两块厚度相等的平行垫铁（见图 2-25）。用这种方法加工时，影响平行度的主要因素有以下几点：

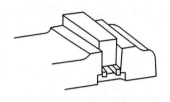

图 2-25　用平行垫铁
装夹工件铣平行面

（1）基准面与机用虎钳导轨面不平行　这是铣平行面质量差的主要原因。造成的因素主要有以下几个方面：

1）平行垫铁的厚度不相等。加工平行面用的两块平行垫铁，应在平面磨床上同时磨出。

2）平行垫铁的上下表面与工件和导轨之间有杂物。在安放平行垫铁和装夹工件时都要擦拭干净。

3）活动钳口在夹紧时上翘。活动钳口与导轨之间存在少量的间隙，当活动钳口夹紧工件而受其作用力时，会使活动钳口上翘，使工件靠活动钳口的一边向上抬起。另外，铣刀在靠活动钳口的一端刚铣到工件时，向上的垂直铣削分力，会把工件和活动钳口向上抬起。以上两种情况都会造成基准面与导轨不平行。因此在铣平行面时，工件夹紧后须用铜锤或木质锤子轻轻敲击工件顶面，直到两块平行垫铁的四端都没有松动现象，再夹紧工件。

4）工件贴住固定钳口的平面与基准面不垂直。此时，平面与固定钳口紧密贴合，则基准面必然与工作台台面和机用虎钳导轨面不平行。所以在铣平行面时，在活动钳口处不宜放圆棒。在单件生产时，可在固定钳口的上方（或下方）垫铜皮，使基准面与平行垫铁紧密贴合。

（2）机用虎钳的导轨面与工作台台面不平行　产生这种现象的原因是：机用虎钳底面与工作台台面之间有杂物，以及导轨面本身超差。所以应注意消除毛刺和切屑，必要时需检查导轨面与工作台台面的平行度。

（3）铣刀圆柱度超差　在铣平行面时，无论机用虎钳钳口的安装方向是与主轴平行还是垂直，若铣刀的圆柱度超差，都会影响平行面的平行度。刀杆与工作台台面不平行，也会影响加工面的平行度。

3. 两平行面之间的尺寸控制

在铣平行面时，往往还有尺寸精度的要求。单件生产时，一般都采用"铣削—测量—铣削"循环进行，直到尺寸准确为止。

当尺寸精度的要求较高时，则需在粗铣后再作一次半精铣，半精铣余量以 0.5mm 左右为宜。再根据余量决定精铣时工作台上升的距离，在上升工作台时，可借助指示表精确控制移动量。在粗铣或半精铣后，测量工件尺寸时，最好不把工件拆下，而在机用虎钳上测量。

4. 铣两端面

铣两端面时，工件的装夹方法如图 2-26 所示。装夹时，先使基准面与固定钳口紧贴，再用直角尺找正侧面，使侧面与工作台台面垂直。经过找正后，铣出的两端面既与基准面垂直又与两侧面垂直。

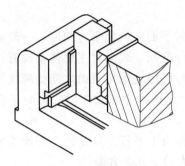

图 2-26 铣两端面

二、用端面铣削法加工垂直面和平行面

1. 垂直面的铣削

（1）立式铣床上用机用虎钳装夹工件 端面铣削时，工件在机用虎钳内的装夹方法，以及影响垂直度的因素和调整措施都基本与周边铣削相同。其不同之处是：用周边铣削时，铣刀的圆柱度误差会影响加工面与基准面的垂直度。而端面铣削时则无此情况，但铣床主轴轴线与进给方向的垂直度误差会影响加工面与基准面的平行度和垂直度。若立铣头"零位"不准，用横向进给会铣出一个与工作台倾斜的平面；用纵向进给进行非对称铣削则会铣出一个略带凹且不对称的面。

（2）在卧式铣床工作台台面上用压板装夹工件 较大尺寸的垂直面，用面铣刀在卧式铣床上铣削较为准确和方便，如图 2-27 所示。用这种方式铣削，铣出的平面与工作台台面垂直。所以只要把基准面安装得与工作台台面平行和贴合，就能铣出准确度较高的垂直面。尤其用垂向进给时，由于不受工作台"零位"准确度的影响，故精度更高。此时，影响垂直度的因素，主要是铣床的精度和基准面与工作台台面的贴合程度或平行度误差，从而避免了受到夹具本身精度的影响。

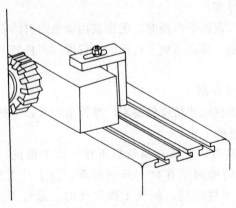

图 2-27 在卧式铣床上用端面铣削法铣垂直面

2. 平行面的铣削

（1）在立式铣床上铣平行面　若工件上有台阶时，则可直接用压板把工件装夹在立式铣床的工作台台面上（见图 2-28），使基准面与工作台台面贴合，随后用面铣刀铣平行面。

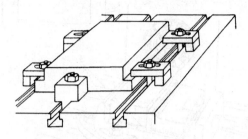

图 2-28　在立式铣床上用端面铣削法铣平行面

（2）在卧式铣床上铣平行面　若工件上没有台阶时，可在卧式铣床上用面铣刀铣平行面，如图 2-29 所示。装夹时，可采用定位键定位，使基准面与纵向平行。若底面与基准面垂直，就不需再找正。若底面与基准面不垂直，则需垫好或把底面重新铣好。垫准时，需用角尺对基准面作检查。如精度要求较高时，可把指示表通过表架固定在悬梁上，使工作台作上下移动，找正基准面。

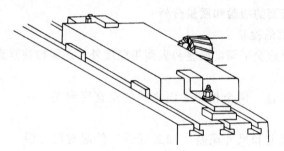

图 2-29　在卧式铣床上用端面铣削法铣平行面

（3）用组合铣削法铣平面　用两把三面刃铣刀组合铣削平行面的方法，如图 2-30 所示。铣削时，若工作台的"零位"不准，会铣出两个略带凹弧，上窄下宽互不平行的面，但两个面在纵向还是平行的。另外，当铣削余量较大，铣刀较钝时产生让刀现象，有时也会使两个平面不平行。

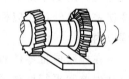

图 2-30　用组合铣削法铣平行面

用这种方法铣削，两个平面的厚度受到铣刀直径的限制，故宽度较小。

3. 在卧式铣床上铣两端面

用端面铣削法加工两端面的方法如图 2-31 所示。此时只要把固定钳口找正到与纵向进给方向垂直就可以了，加工时就不需像上面那样，每铣一个端面都要用直角尺找正。但对垂直度要求较高的工件，固定钳口必须用指示表找正。

工件长度方向的尺寸调整，可在钳口的另一端固定好一块弯头定位铁，或以钳口端为基准。对两端面之间的尺寸，也只要调整第一件，以后不需每一件都进行调整，因此可节省不少找正时间。

当工件长度及厚度的尺寸不太大时，可用两把三面刃铣刀组合铣削两端面。

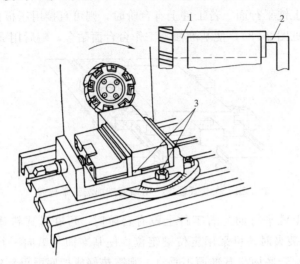

图 2-31　在卧式铣床上用端面铣削法铣两端面
1—工件　2—弯头挡铁　3—平行垫铁

三、垂直面和平行面的检验和质量分析

1. 垂直面和平行面的检验

对矩形工件，除要检验平面度误差和表面粗糙度外，还需检验垂直度误差、平行度误差和尺寸误差。

（1）检验垂直度误差　两个相邻平面之间的垂直度误差，一般都用直角尺来检验。

（2）检验平行度误差和尺寸误差　加工好的工件应对尺寸误差和平行度误差同时进行检验。检验时用千分尺或游标卡尺测量工件的四角及中部，观察各部分尺寸的差值，这个差值就是平行度误差。另外，还应检查所有尺寸是否都在图样所规定的尺寸范围以内。

在检验成批零件时，用图 2-32 所示的方法可同时检验零件的尺寸误差和平行度误差。检验时，先按图样上的基本尺寸组合量块并放在平台上，使指示表测头与量块表面接触，并把长指针对准表面上的"零"位。然后移去量块，把工件放在指示表下，并紧贴表座台面移动，根据指示表的读数便可测出工件的尺寸误差及平行度误差。

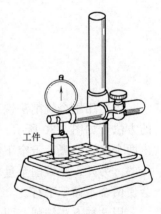

图 2-32　用指示表检验平行度误差和尺寸误差

2. 垂直面和平行面的质量分析

（1）影响垂直度和平行度的因素

1）机用虎钳固定钳口与工作台台面不垂直，铣出的平面与基准面不垂直。

2）平行垫铁不平行或圆柱形铣刀有锥度，铣出的平面与基准面不垂直或不平行。

3）铣端面时固定钳口未找正，铣出的端面与基准面不垂直。

4）装夹时夹紧力太大，引起工件变形，铣出的平面与基准面不垂直或不平行。

（2）影响平行面之间尺寸误差的因素

1）调整切削层深度（圆柱形铣刀为侧吃刀量 a_e，面铣刀为背吃刀量 a_p）时看错刻度盘，手柄摇过头，没有消除丝杠螺母副的间隙，直接退回，造成尺寸铣错。

2）读错图样上标注的尺寸，或者测量时发生错误。

3）工件或平行垫铁的平面没有擦拭干净，垫有杂物，使尺寸发生变化。

4）精铣对刀时切痕太深，调整切削层深度（圆柱形铣刀为侧吃刀量 a_e，面铣刀为背吃刀量 a_p）时没有去掉切痕，将尺寸铣小。

第三节　斜面的铣削

斜面是指零件上与基准面成一个任意倾斜角度的平面。斜面相对基准面倾斜的程度用斜度来衡量，在图样上有两种表示方法。

（1）用倾斜角度 β 的度数（°）表示　倾斜程度大的斜面用倾斜角度表示，如图 2-31a 所示，斜面与基准面之间的夹角 β 为 30°。

（2）用斜度 S 的比值表示　倾斜度小的斜面采用比值表示，如图 2-31b 所示。即在 50mm 的长度上，斜面两端至基准面的距离相差 1mm，用"∠1∶50"来表示。斜度的符号 ∠或∖ 的下横线与基准面平行，上斜线的倾斜方向与斜面的倾斜方向一致，不能画反。

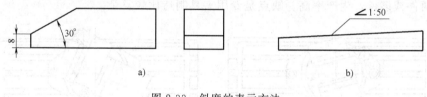

图 2-33　斜度的表示方法
a）用度数表示　b）用比值表示

用度数表示和用比值表示的相互关系，可用一个数学公式表示

$$S = \tan\beta \tag{2-1}$$

式中　β——斜面与基准面之间的夹角（°）；

　　　S——斜度的比值，用∠或∖和比值表示。

一、铣斜面的方法

铣削斜面时，工件、铣床、铣刀三者之间的关系必须满足两个条件：一是工件的斜面应平行于铣床工作台的进给方向；一是工件的斜面应与铣刀的切削位置相吻合，即用圆柱形铣刀铣削时，斜面与铣刀的外圆柱面相切；用面铣刀铣削时，斜面与铣刀的端面相重合。

在铣床上铣斜面的方法有：工件倾斜铣斜面、铣刀倾斜铣斜面和用角度铣刀铣斜面三种。

1. 倾斜装夹工件铣斜面

（1）根据划线装夹工件铣斜面（见图 2-34）　由于划线费时，装夹和找正工件也很慢，所以一般只用于单件生产。

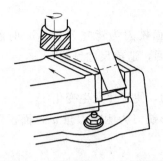

图 2-34　按划线装夹工件铣斜面

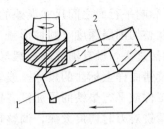

图 2-35　用倾斜垫铁装夹工件铣斜面
1—倾斜垫铁　2—工件

（2）用倾斜垫铁装夹工件铣斜面　铣削时若在基准面下面垫一块倾斜的垫铁．那么铣出的平面就与基准面倾斜，而且其倾斜程度与垫铁的倾斜程度相同，如图 2-35 所示。由于制造倾斜垫铁容易，工件的安装、找正方便，这种加工方法非常适合小批生产。

（3）用机用虎钳装夹工件铣斜面　安装机用虎钳时先找正固定钳口与卧式铣床主轴轴线垂直或平行（在立式铣床上安装时，固定钳口与工作台纵向进给方向平行或垂直）后，再通过机用虎钳底座上的刻线将钳体调转到所需角度的位置，装夹工件，铣出所要求的斜面，如图 2-36 所示。

在成批或大批量生产中，为了达到优质高产，最好采用专用夹具来铣斜面。其优点是一次可加工两件或多件，生产率高。缺点是专用夹具制造比较复杂。

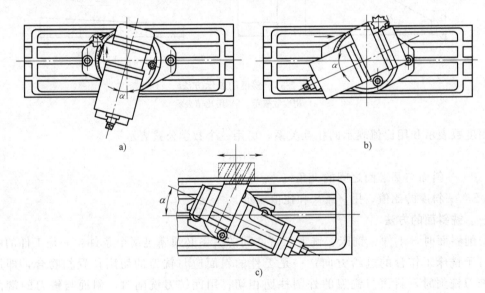

图 2-36　调整钳体角度装夹工件铣斜面
a）先使固定钳口与立式铣床工作台纵向进给方向垂直
b）先使固定钳口与立式铣床工作台纵向进给方向平行　c）先使固定钳口与卧式铣床主轴轴线垂直

2．将铣刀倾斜铣斜面

在立铣头能回转的立式铣床上用面铣刀或立铣刀铣削斜面时，还可在不倾斜工件的情况下，把铣头连同铣刀倾斜所需要的角度来铣斜面。用这种方法铣斜面，需用横向进给进行铣削。

（1）用面铣刀铣斜面　如图 2-37 所示，若立铣头的主轴倾斜一个角度 α，那么面铣刀也斜度一个角度 α。根据此原则，若工件的基准面装夹得与工作台台面平行，则立铣头需倾斜的角度 $\alpha=\beta$；若工件的基准面装夹得与工作台台面垂直，则立铣头需倾斜的角度 $\alpha=90°-\beta$。

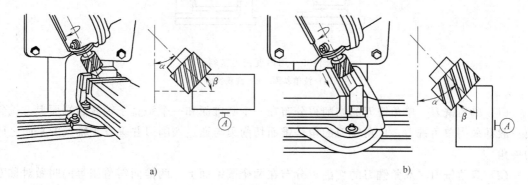

图 2-37　用面铣刀铣斜面
a）工件基准面与工作台台面平行　b）工件基准面与工作台台面垂直
（立铣头扳转角度 $\alpha=\beta$）　　　（立铣头扳转角度 $\alpha=90°-\beta$）

（2）用立铣刀的圆柱面切削刃铣斜面　如图 2-38 所示，立铣刀与面铣刀相比，一般直径比较小而长度较长，因此通常都以圆柱面切削刃来铣削斜面。此时，若工件的基准面装夹得与工作台台面平行，则立铣头需倾斜的角度 $\alpha=90°-\beta$；若工件的基准面装夹得与工作台台面垂直，则立铣头需倾斜的角度 $\alpha=\beta$。

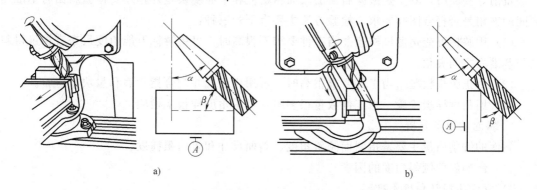

图 2-38　用立铣刀铣斜面
a）工件基准面与工作台台面平行　b）工件基准面与工作台台面垂直
（立铣头扳转角度 $\alpha=90°-\beta$）　　　（立铣头扳转角度 $\alpha=\beta$）

3. 用角度铣刀铣斜面　角度铣刀就是切削刃与轴线倾斜成某一角度的铣刀。因此可利用合适的角度铣刀铣出相应的斜面。为了增加角度铣刀刀尖的强度，把刀尖制成一定的小圆角，圆角半径为 0.75~2mm，圆角处也磨有后角。角度铣刀可分单角铣刀和双角铣刀两种，如图 2-39 所示。

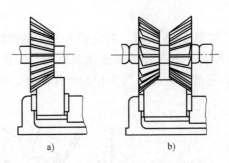

图 2-39　用角度铣刀铣斜面
a) 铣单斜面　b) 铣双斜面

(1) 单角铣刀　单角铣刀的切削刃分布在一个圆锥面和一个垂直于轴线的端面上。铣斜面一般都采用单角铣刀，单角铣刀的角是锥面切削刃与通过切削刃并垂直于轴线的平面之间的夹角。

(2) 双角铣刀　双角铣刀的切削刃分布在两个圆锥面上，两锥面斜角相等的叫做对称双角铣刀；两锥面斜角不相等的叫做不对称双角铣刀。如用接刀的方法铣削超过加工面宽度的斜面，则容易留下接刀痕迹，影响斜面质量。所以，角度铣刀一般只用来铣削较窄的斜面。角度铣刀的刀尖部分强度较弱，容易折断；而且由于角度铣刀刀齿比较密，排屑困难，所以，在使用角度铣刀时，应采用较小的铣削用量，尤其是每齿进给量更要适当减小。在铣削碳钢工件时，应充分浇注切削液。

二、斜面铣削的质量分析

1. 斜面的检验

铣削好斜面后，除了要检验斜面的表面粗糙度和平面度误差外，还要检验斜面与基准面之间的夹角是否符合图样要求。检验方法主要有下列三种：

(1) 用游标万能角度尺检验　当工件要求不很高时，可用游标万能角度尺来直接量得斜面与基准面之间夹角。

(2) 用正弦规检验　当工件要求很高时，可用正弦规并配合指示表和量块来检验。

(3) 用角度样板检验　当工件数量很多时，可用角度样板来检验。

2. 斜面的质量分析

斜面的铣削质量主要是指斜面倾斜角度、斜面尺寸和表面粗糙度。

(1) 影响斜面倾斜角度的因素

1) 立铣头扳转角度不准确。

2) 按划线装夹工件铣削时，工件划线不准确或在铣削时工件产生位移。

3) 采用周边铣削时，铣刀圆柱度误差大（有锥度）。

4) 用角度铣刀铣削时，铣刀角度不准。

5) 工件装夹时，钳口、钳体导轨及工件表面未擦净。

(2) 影响斜面尺寸的因素

1) 看错刻度或摇错手柄转数，以及丝杠螺母副的间隙过大。

2) 测量不准，使尺寸铣错。

3) 铣削过程中工件有松动现象。

（3）影响表面粗糙度的因素

1）进给量太大。

2）铣刀不锋利。

3）机床、夹具刚性差，铣削中有振动。

4）铣削过程中，工作台进给或主轴回转突然停止，啃伤工件表面。

5）铣削钢件时未充分使用切液或切削液选用不当。

本 章 小 结

通过本章的学习，重点掌握以下内容：

1. 周边铣削和端面铣削，机用虎钳的找正，顺铣和逆铣，平面的铣削方法。

2. 分别用周边铣削法和端面铣削法加工垂直面和平行面。

3. 斜面的加工方法：倾斜工件法、倾斜刀具法和使用角度铣刀法。

复习思考题

1. 什么叫铣平面？平面质量的好坏从哪两个方面来衡量？

2. 什么叫周边铣削？什么叫端面铣削？端面铣削有哪些优点？

3. 什么是立铣头"零位"找正？什么是工作台"零位"找正？找正的目的是什么？

4. 用周边铣削法铣平面时，影响平面度的原因主要是什么？用端面铣削时其主要原因是什么？

5. 装夹工件有哪些基本要求？

6. 安装机用虎钳时为何要找正其固定钳口？找正的方法有哪几种？

7. 什么叫顺铣？什么叫逆铣？各有什么优缺点？周边铣削时一般采用哪一种？为什么？

8. 在用面铣刀铣削时，顺铣和逆铣怎样判别？一般采用哪一种？为什么？

9. 在卧式铣床上，用机用虎钳装夹工件，用圆柱形铣刀铣垂直面时，铣出的平面与基准面不垂直的原因有哪几方面？怎样防止？

10. 在卧式铣床上，用机用虎钳装夹工件，用圆柱形铣刀铣平行面时，铣出的平面与基准面不平行的原因有哪几方面？怎样防止？

11. 铣削斜面时，工件、铣床、铣刀之间的关系应满足哪两个条件？斜面的铣削方法有哪几种？

12. 用倾斜铣刀的方法铣斜面，立铣头的扳转角度怎样确定？

13. 在什么条件下适宜用角度铣刀铣斜面？

14. 铣斜面时，造成倾斜度不准的原因有哪些方面？

第三章 台阶、沟槽的铣削和切断

教学目标 1. 熟练掌握台阶、直角沟槽的铣削方法，掌握台阶、直角沟槽的检测方法及质量分析。

2. 熟练掌握轴上键槽的铣削方法，掌握键槽的检测方法及质量分析。

3. 熟练掌握各种成形沟槽的铣削方法，掌握成形沟槽的检测方法及质量分析。

4. 掌握工件的切断方法。

教学重点 1. 台阶、直角沟槽的铣削方法。

2. 轴上键槽的铣削方法。

3. 成形沟槽的铣削方法。

教学难点 1. 直角沟槽的铣削方法。

2. 成形沟槽的铣削方法。

3. V形槽和燕尾槽的铣削方法。

在铣床上铣削台阶和沟槽，其加工量仅次于铣削平面，因为带台阶和沟槽的零件（见图 3-1）是很多的。另外，小型和较薄的零件的切断，也多在铣床上进行。

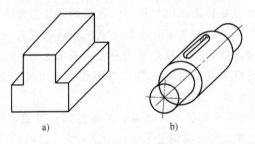

a)   b)

图 3-1　带台阶和沟槽的零件

a）台阶式键　b）带键槽的传动轴

第一节　台阶和直角沟槽的铣削

一、台阶和沟槽的技术要求

台阶和沟槽主要由平面组成，这些平面应具有较好的平面度和较小的表面粗糙度值。其中与其他零件配合的两侧面，则要求更高（表面粗糙度值一般不应大于 $R_a6.3\mu m$），同时还必须满足以下技术要求：

1）较高的尺寸精度（根据配合精度要求确定）。

2）较高的位置精度（如平行度、垂直度、对称度和倾斜度等）。

二、台阶的铣削

零件上的台阶，根据其结构尺寸大小不同，通常可在卧式铣床上用三面刃铣刀和在立式铣床上用面铣刀或立铣刀铣削。

1. 用三面刃铣刀铣台阶

（1）三面刃铣刀　三面刃铣刀的圆柱面切削刃在铣削时起主要的切削作用，而两个侧面切削刃是起修光作用的。由于三面刃铣刀的直径和刀齿尺寸都比较大，容屑槽也较大，所以排屑、冷却和刀齿强度均较好，生产效率也较高。因此在铣削台阶和沟槽时，在切层层宽度（背吃刀量）不太大（小于 25mm）的情况下，大多都采用三面刃铣刀加工。

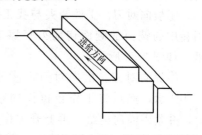

三面刃铣刀有普通直齿和错齿（又称交错齿）两种，如图 3-2 所示。直齿三面刃铣刀的刀齿在圆柱面上与铣刀轴线平行，铣刀容易制造，但铣削时振动较大；错齿三面刃铣刀的刀齿在圆柱面上向两个相反方向倾斜，同螺旋齿铣刀一样具有铣削平稳的优点，所以切削情况良好，但制造困难。直径大的错齿三面刃铣刀，大都采用镶齿，当某一刀齿损坏后，只对一个刀齿进行调换即可。

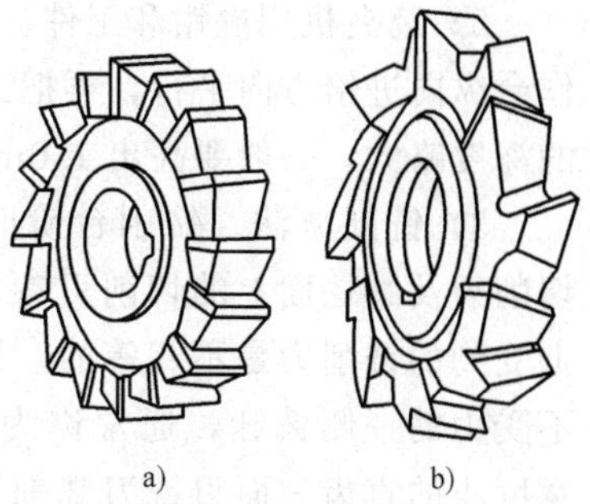

图 3-2　三面刃铣刀
a）直齿三面刃铣刀　b）错齿三面刃铣刀

在三面刃铣刀中，整体的三面刃铣刀有普通级和精密级两种。其宽度：普通级的基本偏差为 k11；精密级的为 k8。镶齿三面刃铣刀的精度较低，宽度的基本偏差一般为 h12。对精密级的三面刃铣刀，在刃磨时只磨圆柱面切削刃，不磨两侧面切削刃，以减少宽度尺寸的变化。镶齿的错齿三面刃铣刀，当宽度尺寸不够时，可把刀齿敲出后，在轴向外移一个齿级后装入，则宽度尺寸可增大，然后再刃磨到需要的宽度尺寸。

（2）工件的装夹和找正　中小型工件一般用机用虎钳装夹，尺寸较大的工件可用压板装夹，形状复杂的工件或大批量生产时可用专用夹具装夹。

铣台阶时，夹具必须找正，使用机用虎钳装夹时，应找正固定钳口与卧式铣床主轴轴线平行或垂直（即与纵向进给方向平行），否则铣出的工件就与侧面产生歪斜，如图 3-3 所示。找正方法在第二章中已介绍过。

图 3-3　固定钳口方向对铣台阶的影响

（3）用一把三面刃铣刀铣台阶

1）选择铣刀。主要选择三面刃铣刀的宽度 L 和直径 D，由图 3-4 可知，两者应满足

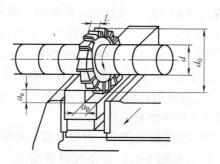

图 3-4　用一把三面刃铣刀铣台阶

$$L > a_p; \quad D > 2a_e + d \qquad\qquad (3-1)$$

式中　L——铣刀宽度（mm）；

　　　D——铣刀直径（mm）；

　　　a_e——铣削层深度（侧吃刀量，mm）；

　　　a_p——铣削层宽度（背吃刀量，mm）；

　　　d——刀杆垫圈直径（mm）。

在满足式（3-1）的条件下，应尽可能选用直径较小的三面刃铣刀。并尽可能地选用错齿三面刃铣刀。

2）装夹机用虎钳和工件。把机用虎钳安装在工作台上，并进行找正，使固定钳口与工作台纵向进给方向平行，再把工件装夹在机用虎钳内。安装时工件高出钳口的高度应比沟槽的深度略大，一般要高出 1.0mm 以上，但也不能太多。

3）铣削方法。铣削台阶时，由于铣刀只有一侧的切削刃及圆柱面上的切削刃参加切削，在铣刀的两侧面上受到的铣削力是不相等的，所以铣刀在铣削中容易向不受力的一侧偏让，通常称为"让刀"。在用直径大而宽度小的直齿三面刃铣刀铣削及铣刀一侧受力又较大的情况下，这种"让刀"现象就更为显著。所以，为了减少"让刀"现象对加工精度的影响，除选用有足够厚度的三面刃铣刀或采用错齿三面刃铣刀来铣削以外，还应先进行粗铣。切除大部分余量后，再进行精铣，以达到规定要求。铣削方法如图 3-5 所示，铣削过程为：

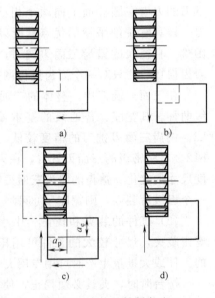

图 3-5　台阶的铣削方法
a）横向对刀　b）纵向对刀
c）轻擦贴纸　d）铣削台阶

①横向对刀。工件装夹与找正后，手动操作铣床使回转中的铣刀的侧面切削刃轻擦工件台阶处侧面的贴纸，如图 3-5a 所示。

②纵向对刀。横向对刀后垂直降落工作台，如图 3-5b 所示，然后将工作台再横向移动一个台阶的宽度 a_p，并紧固横向进给，再上升工作台，使铣刀的圆柱面切削刃轻擦工件上表面的贴纸，如图 3-5c 所示。

③铣削台阶。纵向对刀后手摇工作台纵向进给手柄。退出工件，上升工作台一个台阶深度 a_e，摇动纵向进给手柄使工件接近铣刀，手动或机动进给铣出台阶如图 3-5d 所示。

4）用一把三面刃铣刀铣削双面台阶。铣削时，先铣出一侧的台阶，保证规定的尺寸要求然后退出工件，将工作台横向移动一个距离 $A(A = L + C)$，紧固横向进给后，铣出另一侧台阶，如图 3-6 所示。

此外，也可在一侧的台阶铣好后，把机用虎钳松开，再把工件调转 180°重新夹紧后铣另一侧台阶，这样能获得很高的对称度，但台阶凸台的宽度 C 的尺寸受工件宽度尺寸精度的影响较大。

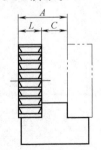

图 3-6　用一把三面刃铣刀铣削双面台阶

（4）用组合铣削法铣台阶　在成批生产中，台阶大都是采用两把三面刃铣刀组合铣削法来加工的（见图 3-7），这不仅可提高生产率，而且操作简单，并能保证工件质量。

用三面刃铣刀组合铣削时，两把三面刃铣刀必须规格一致，直径相同（必要时两铣刀应一起装夹，同时刃磨外圆），铣刀直径按式（3-1）确定。两把铣刀内侧切削刃间的距离用铣刀杆垫圈调整，使其等于台阶的凸台宽度尺寸（见图3-8）。装刀时两把铣刀应错开半个齿，以减少铣削中的振幅，并需考虑铣刀端面圆跳动（俗称摆差）对尺寸精度的影响，故需进行首件试铣，并在加工过程中对工件进行抽检。

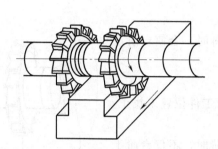

图 3-7　用组合铣削法铣台阶

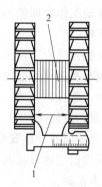

图 3-8　用游标卡尺测量铣刀内侧切削刃间的距离
1—台阶的凸台宽度尺寸　2—铣刀杆垫圈

2. 用面铣刀铣台阶

对于宽度较宽而深度较浅的台阶，常用面铣刀在立式铣床上加工，如图3-9所示。面铣刀刀杆刚度大，铣削时切屑厚度变化小，切削平稳，加工表面质量好，生产效率高。铣削台阶所用的面铣刀的直径应大于台阶的宽度，一般可按 $D=(1.4\sim1.6)a_{\rm p}$ 选取。

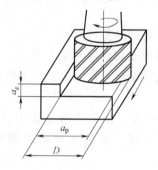

图 3-9　用面铣刀铣台阶

3. 用立铣刀铣台阶

对于深度较深台阶或多阶台阶，可用立铣刀在立式铣床上加工，如图3-10所示。铣削时，立铣刀的圆周切削刃起主要切削作用，端面切削刃起修光作用。由于立铣刀刚度小，强度较弱，铣削时选用的铣削用量要比使用三面刃铣刀铣削时要小，否则容易产生"让刀"甚至造成铣刀折断。为此，一般采取分数次粗铣铣出台阶宽度，最后将台阶的宽度和深度精铣至要求。在条件允许的情况下应尽可能选用直径较大的立铣刀铣台阶，以提高铣削效率。

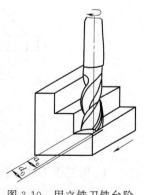

图 3-10　用立铣刀铣台阶

4．台阶的检测

台阶的检测比较简单，台阶的宽度和深度一般可用游标卡尺、深度游标卡尺检测；双面台阶的凸台宽度可用游标卡尺、千分尺或极限量规检测。

5．台阶铣削质量分析

（1）影响台阶尺寸的因素

1）手动移动工作台调整不准。

2）测量不准。

3）铣削时铣刀受力不均出现"让刀"现象。

4）铣刀端面圆跳动（摆差或偏摆）大。

5）工作台"零位"不准，用三面刃铣刀铣台阶时，会使台阶产生上窄下宽现象，致使尺寸不一致，如图 3-11 所示。

（2）影响台阶形状、位置精度的因素

1）机用虎钳固定钳口未找正，或用压板装夹时工件位置未找正，铣出的台阶产生歪斜。

2）工作台"零位"不准，用三面刃铣刀铣台阶时，不仅台阶上窄下宽，而且台阶侧面被铣成凹面。

3）工作台"零位"不准，用立铣刀采用纵向进给铣台阶，台阶底面铣成凹面。

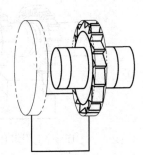

图 3-11 工作台"零位"不准对台阶质量的影响

（3）影响台阶表面粗糙度的因素

1）铣刀磨损变钝。

2）铣刀摆差大。

3）铣削用量选择不当，尤其是进给量过大。

4）铣削钢件时没有使用切削液或切削液使用不当。

5）铣削时振动大，未使用的进给机构没有紧固，工作台产生窜动现象。

三、直角沟槽的铣削

直角沟槽的形式如图 3-12 所示。直角通槽主要用三面刃铣刀来铣削，也可用立铣刀、盘形槽铣刀或合成铣刀来铣削。半通槽和封闭槽则都采用立铣刀或键槽铣刀来铣削。

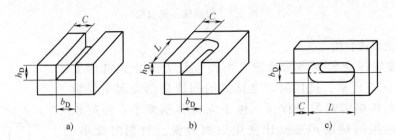

a)　　　　　　　b)　　　　　　　c)

图 3-12　直角沟槽的形式

a）通槽　b）半通槽　c）封闭槽

1．用三面刃铣刀铣直角通槽

（1）铣刀的选择（见图 3-13）　三面刃铣刀的宽度 L 应等于或小于直角通槽的槽宽

b_D($b_D=a_p$)，即 $L \leqslant b_D$。当槽宽精度要求不高且有相应宽度规格
的铣刀时，可按 $L=b_D$ 选用铣刀；当没有相应规格的铣刀和槽宽
尺寸精度要求较高时，可按 $L<b_D$ 选用铣刀，采用扩大法分两次
或多次将槽宽加工至要求尺寸及精度。三面刃铣刀的直径 d_0 则按
式（3-2）计算，并按较小的直径选取。

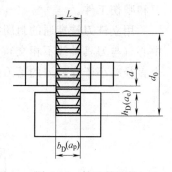

图 3-13　铣刀的选择

$$d_0 > d + 2H \qquad (3-2)$$

（2）工件的装夹和找正　直角沟槽在工件上的位置大多都要
求与工件两侧面平行，故中小型工件一般用机用平口虎钳装夹，
大型工件则用压板直接装夹在工作台上。在铣削直角斜通槽时，
应找正固定钳口相对纵向进给方向偏斜一个角度（如图 3-14 所示的角度为 10°），找正可用游
标万能角度尺；工件用压板装夹时可用一平行垫铁将其侧面找正到与纵向进给方向成一定角度
（如图 3-14 中的 10°）后将其夹紧固定，用于定位装夹工件。

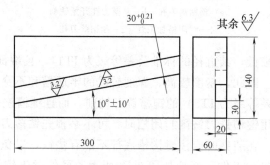

图 3-14　直角斜槽工件

（3）对刀的方法　常用的对刀方法有以下两种：

1）划线对刀法。在工件的加工部位划出直角通槽的尺寸、位置
线，装夹找正工件后，调整切削位置，使三面刃铣刀侧面刃对准工件
上所划通槽的宽度线，将横向进给紧固，分次进给铣出直角通槽。

2）侧面对刀法。对于直角通槽平行于侧面的工件，在装夹找
正后，调整机床使回转中的三面刃铣刀的侧面切削刃轻擦工件侧面
的贴纸，垂直降落工作台，再使工作台横向移动一个等于铣刀宽度
L 加工件侧面到槽侧面距离 C 的位移量 A，$A=L+C$，如图 3-15 所
示，将横向进给紧固后，调整好铣削层深度（侧吃刀量，即槽深
h_D），铣出直角通槽。

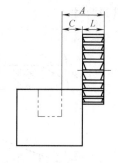

图 3-15　侧面对刀铣通槽

2. 用立铣刀或键槽刀铣半通槽和封闭槽

宽度大于 25mm 的直角通槽大都采用立铣刀或键槽刀铣削。
用立铣刀或键槽刀铣半通槽，如图 3-16 所示。所选择的立铣刀或
键槽刀的直径应等于或小于槽的宽度。由于立铣刀和键槽刀的刚性
较差，铣削时容易产生"让刀"现象。加工深度较深的半通槽时，
应分几次铣到要求的深度，以免铣刀受力过大引起折断，铣到深度
后再将槽扩铣到要求的宽度尺寸。扩铣时应避免顺铣，防止损坏铣

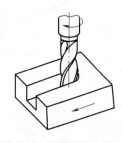

图 3-16　用立铣刀铣半通槽

56

刀和啃伤工件。

用立铣刀铣穿通的封闭槽，如图 3-17 所示。由于立铣刀的端面切削刃没有通过刀具的中心（与刀具轴线不相交），不能垂向进给切削工件，因此铣削前应在封闭槽的一端预钻一个直径略小于立铣刀的落刀孔，并从此孔落刀铣削。

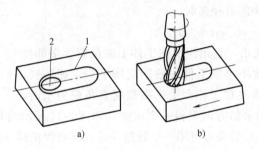

图 3-17　用立铣刀铣削穿通封闭槽
a）预钻落刀孔　b）从落刀孔开始铣削
1—封闭槽加工线　2—预钻落刀孔

立铣刀的尺寸精度较低，其直径的标准公差等级为 IT14，且端面切削刃只起修光作用，不能用于垂向进给切削。因此，精度较高、深度较浅的半通槽和不穿通的封闭槽，一般可用精度较高（直径标准公差等级为 IT8）的键槽铣刀铣削。而且键槽铣刀的端面刃能在垂向进给时切削工件。因此，用键槽铣刀铣削封闭槽时，可不必预先钻落刀孔。

由于是穿通封闭槽，在装夹时应注意沟槽底部不能有垫铁，以免妨碍铣刀穿通，故应采用两块较窄的平行垫铁垫在工件下面，如图 3-18 所示。另外对于较短的槽一般都采用手动进给；即使用自动进给进行铣削，在即将铣到尺寸时，也应预先停止而改用手动进给，以免铣过尺寸。

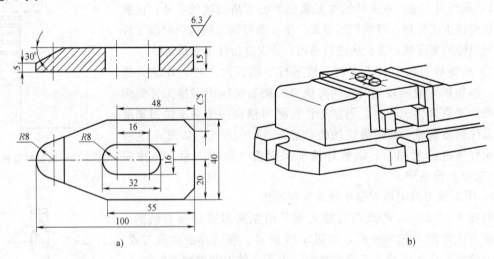

图 3-18　铣穿通封闭槽时的装夹
a）零件尺寸　b）用两块平行垫铁装夹

3. 直角沟槽的检测
直角沟槽的长度、宽度和深度一般使用游标卡尺、深度游标卡尺检测，尺寸精度较高的槽宽可用光滑极限量规（塞规）检测。直角沟槽的对称度可用游标卡尺或杠杆指示表检测，使用指示表检测时，工件分别以两侧面 A 和 B 为基准放在平板上，使指示表的触头放在槽的侧面上，移动工件检测，两次指示读数的最大差值即为对称度误差，如图3-19所示。

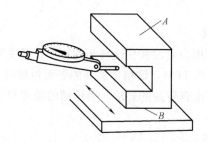

图 3-19　用杠杆指示表检测直角沟槽的对称度

4. 直角沟槽铣削的质量分析

直角沟槽铣削的质量主要指沟槽的尺寸、形状及位置精度。

（1）影响尺寸精度的因素

1）用立铣刀和键槽铣刀采用"定尺寸刀具法"铣削沟槽时，铣刀的直径尺寸及其磨损、铣刀的圆柱度和铣刀的径向圆跳动等会产生以下影响。铣刀的径向圆跳动会使槽宽尺寸增大，因此当槽宽尺寸大于铣刀直径时，需用指示表检查铣刀的径向是否有摆动；反之当铣出的槽宽尺寸略小于图样要求的尺寸时，可在刀柄处沿轴向放一条窄的铜条或纸条，利用铣刀的径向圆跳动来获得所需的尺寸。

2）三面刃铣刀的端面圆跳动太大，使槽宽尺寸铣大；径向圆跳动太大，使槽深铣深。

3）使用立铣刀或键槽铣刀铣沟槽时，产生"让刀"现象，或来回多次切削工件，将槽宽铣大。

4）测量不准或摇错刻度盘数值。

（2）影响位置精度的因素

1）工作台"零位"不准，使工作台纵向进给运动方向与铣床主轴轴线不垂直，用三面刃铣刀铣削时，将沟槽两侧面铣成弧形凹面，且呈上宽下窄（两侧面不平行）。

2）机用虎钳固定钳口未找正，使工件侧面（基准面）与进给运动方向不一致，铣出的沟槽歪斜（槽侧面与工件侧面不平行）。

3）选用的平行垫铁不平行，工件底面与工作台面不平行，铣出的沟槽底面与工件底面不平行，槽深不一致。

4）对刀时，工作台横向位置调整不准；扩铣时将槽铣偏；测量时，尺寸测量不准确，按测量值调整铣削使槽铣偏；铣削时，由于铣刀两侧受力不均（如两侧切削刃锋利程度不等）或单侧受力，铣床主轴轴承的轴向间隙较大，以及铣刀刚性不够，使得铣刀向一侧偏让等。使铣出的沟槽对称度误差大。

（3）影响形状精度的因素　用立铣刀和键槽铣刀铣削沟槽时，影响形状精度的主要因素是铣刀的圆柱度。

（4）影响表面粗糙度的因素　与铣削台阶时相同。

第二节　轴上键槽的铣削

轴上安装平键的沟槽称为键槽。安装半圆键的沟槽称为半圆键槽，轴上键槽多用铣削的方法加工。

一、轴上键槽的技术要求

键槽的两侧面在连接中起周向定位和传递转矩的作用，是主要工作面，因此，键槽宽度的尺寸精度要求较高（公差等级为 IT9），键槽两侧面的表面粗糙度值较小（$R_a1.6\sim3.2\mu m$），键槽两侧面与轴的轴线的对称度也有较高的要求。而键槽的深度和长度尺寸一般要求较低，槽底面的表面粗糙度值较大。

二、轴上键槽的铣削方法

键槽有通槽、半通槽（或称半封闭槽）和封闭槽三种，如图 3-20 所示。通槽和槽底一端为圆弧形的半通槽一般用盘形槽铣刀铣削，槽宽由铣刀宽度保证；半通槽一端的槽底圆弧半径由铣刀直径保证；封闭槽和槽底一端是直角的半通槽用键槽铣刀铣削，并根据轴槽的宽度尺寸选择键槽铣刀的直径。

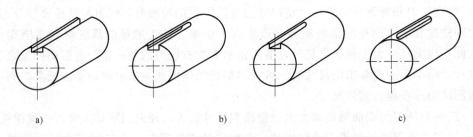

图 3-20　轴上键槽的种类
a）通槽　b）半通槽　c）封闭槽

1. 工件的装夹

轴类零件装夹时不但要保证零件的稳定可靠，还需保证零件的轴线位置不变，以保证轴槽的中间平面通过轴线。常用的装夹方法方法有以下几种：

（1）用机用虎钳装夹（见图 3-21）　用机用虎钳装夹工件，简单、稳固，但当工件直径有变化时，工件中心在左右（水平位置）和上下方向都会产生变动，会影响键槽的对称度和深度。故一般多用于单件生产，但对轴的外径已精加工过的工件，由于一批轴的直径变化很小，用机用虎钳装夹时，各轴的中心位置变动很小，在此条件下，可适用于批量生产。

为了保证铣出的键槽两侧面和底平面都平行于工件轴线，必须使工件的轴线既平行于工作台纵向进给方向，又平行于工作台台面。因此用机用虎钳装夹工件时，应使用指示表找正固定钳口与工作台纵向进给方向平行，还要找正工件的上表面素线与工作台台面平行。

（2）用 V 形块装夹　把圆柱形工件放在 V 形块内，并用压板紧固的装夹的方法来铣削键槽，是铣床上常用的方法之一。其特点是工件的中心只在 V 形槽的对称平面内随工件的直径变化而上下变动（见图 3-22）。因此，当键槽铣刀的中心或盘形槽铣刀的轴线与 V 形槽的对称平面重合时，就能保证一批工件上键槽的对称度。铣削时虽然铣削深度会随工件的直径变化而有变化，但变化量一般不会超过槽深的尺寸公差。

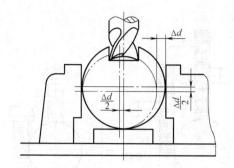

图 3-21 用机用虎钳装夹工件铣轴上键槽

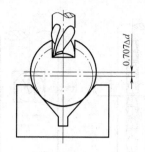

图 3-22 用 V 形块装夹工件铣轴上键槽

对于直径在 20～60mm 范围内的长轴，可直接将工件装夹在工作台的中央 T 形槽上，用压板压紧后铣削键槽。此时，T 形槽槽口的倒角起到 V 形槽的作用，如图 3-23 所示。

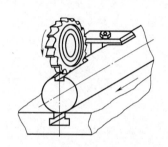

图 3-23 用中央 T 形槽装夹铣键槽

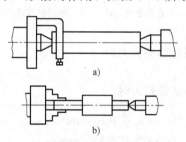

图 3-24 用分度头定中心装夹
a) 用两顶尖装夹　b) 用三爪自定心卡盘和尾座顶尖装夹

（3）用分度头定中心装夹　用分度头主轴与尾座的两顶尖或用三爪自定心卡盘和尾座顶尖的一夹一顶方法装夹工件，如图 3-24 所示。其特点是工件的轴线始终在分度头主轴顶尖（或三爪自定心卡盘的中心）与尾座顶尖的连心线上，轴线的位置不受工件直径变化的影响。因此，铣出的轴上键槽的对称度不受工件直径变化的影响。

安装分度头和尾座时，要用标准检验棒进行找正，采用两顶尖或一夹一顶的方法进行安装，用指示表找正检验棒的上表面素线与工作台台面平行，其侧面素线与工作台纵向进给方向平行。

2. 铣刀位置的调整（对刀）

为了使键槽对称于轴线，必须使键槽铣刀的中心线或盘形铣刀的对称线通过工件的轴线（俗称对中心或对刀），常用的调整方法有以下几种：

（1）按切痕调整对刀　这种方法使用简便，但精度不高，是最常用的一种方法。

1）盘形槽铣刀或三面刃铣刀的调整方法。先把工件粗调整到铣刀的对称位置上，开动机床，在工件表面上切出一个接近于铣刀宽度的椭圆形刀痕，然后移动横向工作台，使铣刀宽度落在椭圆的中间位置，如图 3-25a 所示。

2）键槽铣刀的调整方法。键槽铣刀的切痕是一个边长等于铣刀直径的矩形小平面。调整时，使铣刀两切削刃在旋转时落在小平面的中间位置即可，如图 3-25b 所示。

（2）擦侧面调整对刀　若用键槽铣刀（立铣刀）或用较大直径的盘形槽铣刀加工直径较小的工件时，可在工件侧面贴一薄纸，然后使铣刀旋转，使回转的铣刀的切削刃刚擦到薄纸时，降下工作台退出工件，再将横向工作台移动一个距离 A，如图 3-26 所示，A 可用式

（3-3）和式（3-4）计算

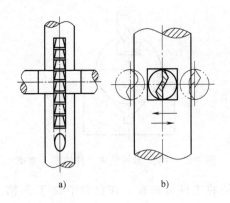

图 3-25　按切痕调整对刀

a）盘形槽铣刀对刀　b）键槽铣刀对刀

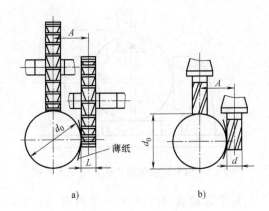

图 3-26　擦侧面调整对刀

a）盘形槽铣刀对刀　b）键槽铣刀对刀

用盘形槽铣刀时

$$A=\frac{D+L}{2}+\delta \tag{3-3}$$

用键槽铣刀时

$$A=\frac{D+d}{2}+\delta \tag{3-4}$$

式中　D——工件直径（mm）；

d——铣刀直径（mm）；

δ——纸厚（mm）；

L——铣刀宽度（mm）。

（3）利用指示表调整对刀　这种方法对刀精度高，适合在立式铣床上采用，可对用机用虎钳、V形块、分度头装夹工件进行对刀。

用机用虎钳装夹工件时，先把工件夹紧，将指示表固定在铣床主轴上，用手转动主轴，观察指示表在钳口两侧的读数，横向移动工作台使两侧的读数相等，如图 3-27a 所示。

用V形块装夹工件时，先不装工件，用指示表接触V形块的两面进行调整，如图 3-27b 所示。

用三爪自定心卡盘或两顶尖装夹工件时，可在工件两侧放两把宽座直角尺或三角形直角尺，利用直角尺的平面进行调整对中，如图 3-27c 所示。

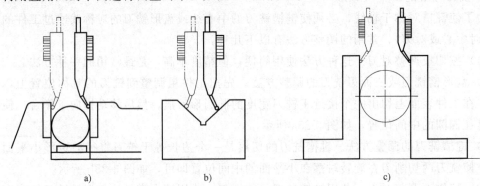

图 3-27　用指示表对刀

a）用机用虎钳装夹　b）用V形块装夹　c）用三爪自定心卡盘或两顶尖装夹

3. 铣削方法

（1）铣通键槽　一般都采用盘形槽铣刀来铣削。如图 3-28a 所示的长轴类零件，若外圆已经磨准，则可用机用虎钳装夹进行铣削。为了避免因工件伸出钳口太多而产生振动和弯曲，可在伸出端用千斤顶来支承。若对工件直径进行粗加工时（见图 3-28b），则应采用三爪自定心卡盘加后顶尖（一夹一顶）来装夹，中间还应采用千斤顶来支承。当工件装夹完毕并调整对刀后，接着是调整铣削层深度。调整时先使旋转的切削刃和工件圆柱面上表面接触，然后退出工件，再把工作台上升到键槽的深度，即可开始铣削。为了进一步校核对刀是否准确，在铣刀开始切到工件时，应缓慢移动工作台（手动，而且不浇注切削液），仔细观察。在铣削宽度接近铣刀宽度时，轴的一侧是否有先出现台阶的现象，若有如图 3-28b 所示的情况，则说明铣刀还没有准确对准中心，应将工件出现有台阶的一侧向铣刀作横向微调，直至轴的两侧同时出现小台阶（即对准中心）为止。

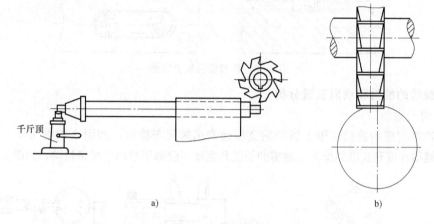

千斤顶

a)　　　　　　　　　　　　b)

图 3-28　铣通键槽

a）外圆已经磨准时　b）直径粗加工时

（2）铣封闭键槽　用键槽铣刀铣削封闭键槽的方法有以下两种：

1）用分层铣削法。用符合键槽槽宽尺寸的键槽铣刀分层铣削键槽，如图 3-29 所示。铣削时，每次的铣削层深度（侧吃刀量）约为 0.5～1.0mm。手动进给由键槽的一端铣向另一端，然后以较快的速度手动退回至原点位，再进给一个铣削深度（侧吃刀量），重复铣削，一直铣削到预定的深度为止。铣削时应注意键槽两端长度方向各留 0.2～0.5mm 的余量，在最后一次铣削时切除。

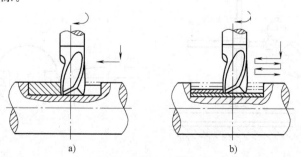

a)　　　　　　　　　　b)

图 3-29　分层铣削轴上键槽

a）一次铣削　b）分层铣削

分层铣削法的优点是铣刀磨钝后，只需刃磨端面，磨短 1mm 左右，铣刀直径不受影响；因铣削层深度（侧吃刀量）较小，铣削抗力较小，铣削时不会产生明显的"让刀"现象。缺点是在普通铣床上进行加工时操作不方便、生产效率低。因此，分层铣削法主要适用于键槽长度尺寸较短、生产量较少的情况。

2）扩刀铣削法　先用直径比槽宽小 0.5mm 左右的键槽铣刀进行分层往复粗铣至接近槽深，槽深留余量 0.1～0.3mm，槽长两端各留余量 0.2～0.5mm，再用符合键槽宽度尺寸的键槽刀精铣，如图 3-30 所示。精铣时由于铣刀的两个侧切削刃所受的背向力能相互平衡，所以铣刀的偏让量较小，轴上键槽的对称性较好。

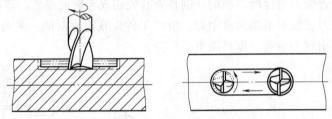

图 3-30　扩刀铣削轴上键槽

三、键槽的检验和铣削质量分析

1. 键槽的检验

（1）轴槽宽度的检验　轴上键槽的宽度通常用塞规来检验，如图 3-31 所示。

（2）键槽深度和长度的检验　键槽的长度和宽度一般都用游标卡尺来检验，如图 3-32 所示。

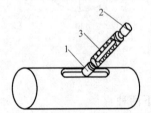

图 3-31　轴上键槽宽度的检验

1—通端　2—止端　3—塞规

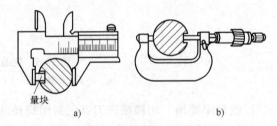

图 3-32　轴上键槽宽度的检验

a）用量块配合游标卡尺测量槽深　b）用千分尺测量槽深

（3）轴槽对称度的检验　键槽的对称度可用指示表来检验。对于窄而浅的键槽，可在槽内插入一塞块，宽而深的键槽可直接测量键槽的侧面，如图 3-33 所示。检测时可把工件安

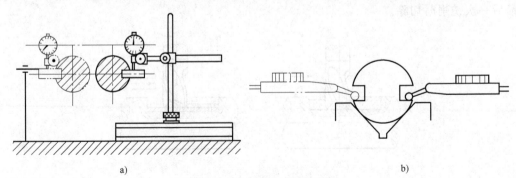

图 3-33　轴上键槽对称度的检验

a）窄而浅的键槽　b）宽而深的键槽

放在 V 形架或两顶尖之间,并一起放在平板上,使其能作定轴旋转。先使键槽处在一侧,用指示表把塞块的上平面(键槽的下侧面)找正到与平板平行,并记下指示表读数,然后将工件转过180°,用同样方法检测又得另一个读数,两个读数的差值即为对称度误差。

2. 键槽铣削的质量分析

(1)影响键槽宽度尺寸的因素

1)铣刀的宽度或直径尺寸不合适,未经试铣削检验就直接铣削工件,造成键槽宽度尺寸不合适。

2)铣刀有摆动,用键槽铣刀铣轴槽,铣刀径向圆跳动太大;用盘形槽铣刀铣轴槽,铣刀端面圆跳动太大,导致将键槽铣宽。

3)铣削时,背吃刀量、进给量过大,导致"让刀"现象,将键槽铣宽。

(2)影响键槽对称度的因素

1)铣刀对刀不准。

2)铣削中铣刀的让刀量太大。

3)成批生产时,工件外圆尺寸公差过大。

4)用扩刀法铣削时,键槽两侧扩铣余量不一致。

(3)影响键槽两侧面与工件轴线平行度的因素(见图3-34)

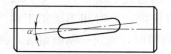

图 3-34 轴槽两侧面与工件轴线不平行

1)工件外圆直径不一致,有大小头。

2)用机用虎钳或 V 形块装夹工件时,固定钳口或 V 形块没有找正好。

(4)影响键槽底面与工件轴线平行度的因素(见图3-35)

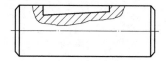

图 3-35 轴槽底面与工件轴线不平行

1)工件装夹时上素线未找正水平。

2)选用的平行垫铁平行度差,或选用的成组 V 形块不等高。

第三节　成形沟槽的铣削

常见的成形沟槽有 V 形槽、T 形槽、燕尾槽和半圆键槽等。成形沟槽一般用刃口形状与沟槽形状相应的铣刀铣削。

一、V 形槽的铣削

V 形槽广泛应用于机床夹具中,图3-36所示是具有 V 形槽的 V 形块。V 形槽两侧面间的夹角(槽角)一般为90°或60°,也有120°的,以槽角为90°的 V 形槽最为常见。

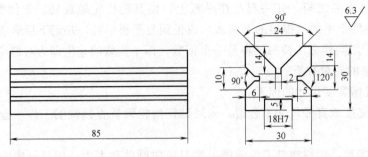

图 3-36　V 形块

1. V 形槽的技术要求

V 形槽的主要技术要求有：

1）V 形槽的中间平面应垂直于工件的基准面。

2）工件的两侧面应对称于 V 形槽中间平面。

3）V 形槽窄槽的两侧面应对称于 V 形槽中间平面，窄槽的槽底面应略超出 V 形槽两侧面的延长交线。

2. V 形槽的铣削方法

（1）倾斜立铣头铣 V 形槽　槽角大于或等于 90°、尺寸较大的 V 形槽，可在立式铣床上调转立铣头，用立铣刀或面铣刀铣削，此时相当于加工两个对称的斜面，如图 3-37 所示。铣 V 形槽前应铣出窄槽。铣 V 形槽时，铣完一侧槽面后，将工件松开调转 180°后重新夹紧，再铣另一侧槽面；也可将立铣头反方向调转角度后铣另一侧槽面。

（2）倾斜工件铣 V 形槽　槽角大于或等于 90°、精度要求不高的 V 形槽，可以按划线找正 V 形槽的一侧面，使之与工作台台面平行后夹紧工件，铣完一侧槽面后，重新找正另一侧槽面并夹紧工件，进行铣削，如图 3-38 所示。槽角等于 90°且尺寸不太大的 V 形槽则可一次找正装夹铣成形。

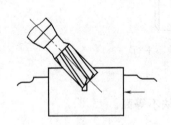

图 3-37　倾斜立铣头铣 V 形槽

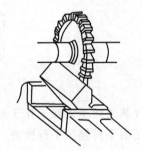

图 3-38　倾斜工件铣 V 形槽

（3）用角度铣刀铣 V 形槽　槽角小于或等于 90°的 V 形槽，一般都采用与其角度相同的对称双角铣刀加工；若无合适的双角铣刀，则可用两把切削刃相反，规格相同的单角铣刀组合起来铣削。两把单角铣刀组合时，在中间应垫适当厚度的垫圈或纯铜皮，或使两铣刀的切削刃分开，以免将铣刀的端面刃夹坏。铣 V 形槽前应先将窄槽铣出，铣削时的对刀和加工情况如图 3-39 所示。

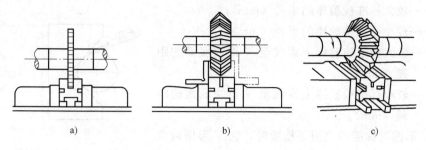

图 3-39　用对称双角铣刀铣 V 形槽

a) 用锯片铣刀铣窄槽　b) 对刀　c) 铣 V 形槽

3. V 形槽的检测

V 形槽的检测项目主要有：V 形槽的宽度 B、槽角 α 和对称度。

(1) V 形槽（槽口）宽度 B 的检测　如图 3-40 所示，先间接测得尺寸 h，然后根据式（3-5）计算得出 V 形槽宽度 B

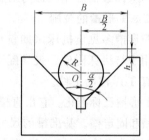

$$B = 2\tan\alpha/2\ (R/\sin\alpha/2 + R - h) \qquad (3-5)$$

式中　R——标准检验棒半径（mm）；

图 3-40　V 形槽宽度 B 的检测计算

　　　　α——V 形槽槽角（°）；

　　　　h——标准检验棒上素线至 V 形槽上平面的距离（mm）。

也可用游标卡尺直接测量槽口宽度 B，测量方法简单，但测量精度较差。

(2) V 形槽槽角的检测　可以用角度样板检测，通过观察工件与样板间的间隙判断 V 形槽槽角 α 是否合格。

也可以用游标万能角度尺测量，如图 3-41 所示，测量角度 A 或 B，间接测得 V 形槽半槽角 $\alpha/2$。

还可以用标准检验棒间接测量槽角 α，如图 3-42 所示。此法测量精度较高，测量时，先后用两根不同直径的标准检验棒进行间接测量，分别测得尺寸 H 和 h，然后根据式（3-6）计算，求出槽角 α 的实际值

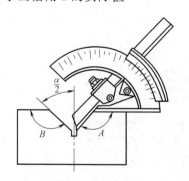

图 3-41　用游标万能角度尺测量 V 形槽槽角 α

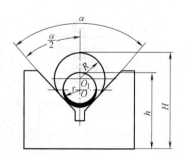

图 3-42　V 形槽槽角 α 的测量计算

$$\sin\frac{\alpha}{2} = \frac{R-r}{(H-R)-(h-r)} \qquad (3-6)$$

式中　R——较大标准检验棒的半径（mm）；

　　　r——较小标准检验棒的半径（mm）；

　　　H——较大标准检验棒上素线至 V 形块底面的距离（mm）；

　　　h——较小标准检验棒上素线至 V 形块底面的距离（mm）。

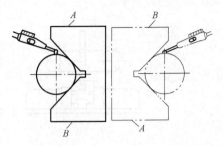

图 3-43　V 形槽对称度的检测

（3）V 形槽对称度的检测　检验时，在 V 形槽内放一标准检验棒，将工件放置在平台上，用指示表测出圆棒上素线的读数值；再将工件翻转 180°，并测出读数值，两次读数值之差，即为对称度误差，如图 3-43 所示。

二、T 形槽的铣削

T 形槽多见于机床（如铣床、牛头刨床、平面磨床等）的工作台，用于与机床附件、夹具配套时的定位和固定，如图 3-44 所示为一带有 T 形槽的工件。

T 形槽已标准化。它由直槽和底槽组成，根据使用要求不同分为基准槽和固定槽。基准槽的尺寸精度和形状、位置要求比固定槽高。X6132 型卧式铣床和 X5032 型立式铣床的工作台均有 3 条 T 形槽，中间一条是基准槽，一般称为中央 T 形槽，两侧的两条是固定槽。

图 3-44　T 形槽工件

1. T 形槽的技术要求

1）T 形槽直槽宽度尺寸的公差等级，基准槽为 IT8，固定槽为 IT12。

2）基准槽的直槽两侧面应平行（或垂直）于工件的基准面。

3）底槽的两侧面应基本对称于直槽的中间平面。

4）直槽两侧面的表面粗糙度 R_a 值，基准槽应不大于 $2.5\mu m$，固定槽应不大于 $6.3\mu m$。

2. T 形槽的铣削方法

（1）铣刀选择　铣削直槽可选用三面刃铣刀或立铣刀；铣削底槽时用 T 形槽铣刀。T 形槽铣刀应按直槽宽度尺寸（即 T 形槽的基本尺寸）选择。

（2）铣削方法　T 形槽的铣削步骤如图 3-45 所示。

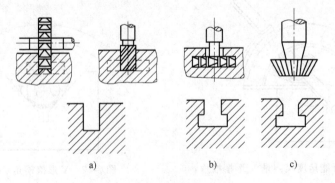

图 3-45　T 形槽的铣削步骤

a）铣直槽　b）铣底槽　c）槽口倒角

（3）不穿通 T 形槽的铣削方法　如图 3-46 所示，铣削前应先在 T 形槽的一端钻落刀孔，落刀孔的直径应大于 T 形槽铣刀切削部分的直径，深度应大于 T 形槽底槽的深度。用立铣刀铣完直槽后，在落刀孔处进入 T 形槽铣刀，对正中心后铣出底槽。

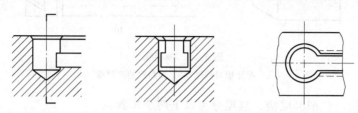

图 3-46　不穿通 T 形槽的落刀孔

3．铣 T 形槽时的注意事项

1）T 形槽铣刀在切削时，因切削部分埋在工件内，切屑排出非常困难，经常把容屑槽填满（塞刀）而使铣刀失去切削能力，以致使铣刀折断，所以在铣削中应经常退刀并及时清除切屑。

2）T 形槽铣刀的颈部直径较小，要注意因铣刀受到过大的铣削力和突然的冲击力而折断。

3）由于排屑不畅，切削时热量不易散失，铣刀容易发热，在铣钢件时，应充分浇注切削液。

4）T 形槽铣刀不能用得太钝，因钝的刀具其切削能力大为减弱，铣削力和切削热会迅速增加。所以用钝的 T 形槽铣刀铣削是铣刀折断的主要原因之一。

5）T 形槽铣刀在切削时工作条件较差，所以要采用较小的进给量和较低的切削速度。但铣削速度不能太低，否则会降低铣刀的切削性能和增加每齿的进给量。

6）为了改善切屑的排出条件，以及减少铣刀与槽底面的摩擦，在设计和工艺人员的允许条件下，可把直角槽铣得稍深一些，这时铣出的 T 形槽形状如图 3-47 所示。这种形状的 T 形槽对实际应用没有多大影响。

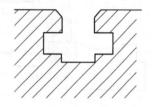

图 3-47　槽底不平的 T 形槽

4．T 形槽的检测

T 形槽的槽宽、槽深以及底槽和直槽的对称度可用游标卡尺测量，直槽对工件基准面的平行度误差可在平板上用指示表检测。

三、燕尾槽的铣削

1．燕尾结构

燕尾结构由配合使用的燕尾槽和燕尾组成（见图 3-48）。燕尾结构一般用于直线运动的引导件和紧固件，如燕尾导轨等。

燕尾结构的燕尾槽和燕尾之间有相对直线运动，因此对燕尾结构的角度、宽度、深度应具有较高的平面度要求。且其表面粗糙度 R_a 值较小。

燕尾、燕尾槽斜面的角度（槽角）α 有 45°、50°、55°、60°等多种，一般采用 55°。

2．燕尾槽和燕尾的铣削方法

（1）铣刀的选择　燕尾槽和燕尾采用燕尾槽铣刀铣削。所选用的铣刀角度应与燕尾槽的槽角一致，铣刀锥面的宽度应大于工件燕尾槽斜面的宽度。单件生产时，若没有合适的燕尾槽铣刀，可用与燕尾槽槽角相等的单角铣刀来铣削燕尾槽、燕尾。

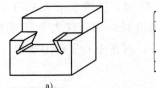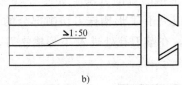

图 3-48　燕尾槽

a）燕尾槽和燕尾　b）带斜度的燕尾槽

（2）铣削方法　铣削燕尾槽、燕尾分为以下两个步骤：

1）在立式铣床上用立铣刀或面铣刀铣燕尾槽的直槽、燕尾的台阶（见图 3-49a）。

2）在立式铣床上用燕尾槽铣刀铣出燕尾槽或燕尾（见图 3-49b）。

用单角铣刀铣削燕尾槽或燕尾（见图 3-50）时，要使立铣头倾斜角度等于燕尾槽角 α。由于立铣头偏转角度较大，安装单角铣刀的刀杆长度应适当增长。

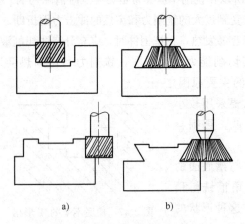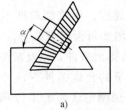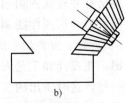

图 3-49　燕尾槽、燕尾的铣削

a）铣直槽或台阶　b）铣燕尾槽或燕尾

图 3-50　用单角铣刀铣削燕尾槽或燕尾

a）铣削燕尾槽　b）铣削燕尾

（3）带斜度燕尾槽的铣削　在铣完直槽后，先用燕尾槽铣刀铣削燕尾槽与相对直线运动方向平行的一侧斜面，然后松开压板将工件调整到与进给方向成规定斜角，紧固工件后铣削燕尾槽带斜度的另一侧。

3. 铣燕尾槽、燕尾时的注意事项

1）铣燕尾槽、燕尾时的铣削条件与铣 T 形槽时大致相同，但燕尾槽铣刀刀尖部位的强度和切削性都很差，因此铣削中主轴转速不宜过高，进给量、切削层深度（背吃刀量）不可过大，以减少铣削抗力，还应及时排屑和充分浇注切削液。

2）铣直槽时槽深可留 0.5～1.0mm 的余量，留待铣燕尾槽时同时铣至槽深，以使燕尾槽铣刀铣削时平稳。

3）燕尾槽的铣削应分粗铣、精铣两步进行，以提高燕尾槽斜面的表面质量。

4. 燕尾槽、燕尾的检测

1）燕尾槽、燕尾的槽角 α 可用游标万能角度尺测量。

2）燕尾槽的槽深、燕尾的高度可用深度游标卡尺、高度游标卡尺测量。

3）燕尾槽、燕尾的宽度由于工件有空刀槽和倒角，须借助标准检验棒间接测量，如图

3-51 所示，测量两标准检验棒的直径应一致。用游标卡尺测得两标准检验棒的内侧距离 M 或外侧距离 M_1，则可计算出燕尾槽或燕尾的宽度。燕尾槽宽度的计算公式

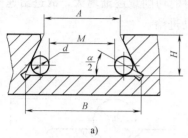 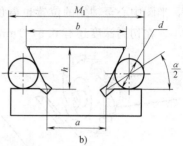

图 3-51　燕尾槽、燕尾宽度的测量

a）燕尾槽宽度的测量　　b）燕尾宽度的测量

$$A=M+d\left(1+\cot\frac{\alpha}{2}\right)-2H\cot\alpha \tag{3-7}$$

$$B=M+d\left(1+\cot\frac{\alpha}{2}\right) \tag{3-8}$$

式中　A——燕尾槽最小宽度（mm）；

　　　B——燕尾槽最大宽度（mm）；

　　　M——两标准检验棒内侧距离（mm）；

　　　d——标准检验棒直径（mm）；

　　　α——燕尾槽槽角（°）；

　　　H——燕尾槽槽深（mm）。

燕尾宽度的计算公式

$$a=M_1+d\left(1+\cot\frac{\alpha}{2}\right) \tag{3-9}$$

$$b=M_1+2h\cot\alpha-d\left(1+\cot\frac{\alpha}{2}\right) \tag{3-10}$$

式中　a——燕尾槽最小宽度（mm）；

　　　b——燕尾槽最大宽度（mm）；

　　　M_1——两标准检验棒外侧距离（mm）；

　　　d——标准检验棒直径（mm）；

　　　α——燕尾槽槽角（°）；

　　　h——燕尾槽槽深（mm）。

四、半圆键槽的铣削

半圆键连接是利用键侧面实现周向固定和传递转矩的一种键连接。其特点是制造容易、装拆方便，但只能传递较小的转矩。

1. 半圆键槽的技术要求

1）半圆键槽槽宽的公差等级为 IT9，键槽侧面的表面粗糙度 R_a 值为 1.6μm。

2）半圆键槽的两侧面平行且对称于工件轴线。

2. 半圆键槽的铣削方法

半圆键槽用半圆键槽铣刀铣削。铣刀按半圆键槽的基本尺寸（宽度×直径）选取。半圆

键槽的铣削情况与用槽铣刀铣削键槽大致相同，如图 3-52 所示。其不同之处是：半圆键槽铣刀的颈部直径较小，强度和刚性差，铣削时应防止折断，在对刀时，除与轴心线有对称度要求外，半圆中心至轴端的位置也需预先调整；铣削时的切削量逐渐增大，故进给速度一般取得较小，在切到深度还有 0.5～1mm 时，应改为手动进给。

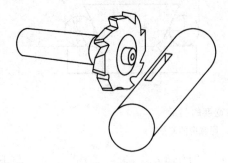

图 3-52　半圆键槽及铣刀

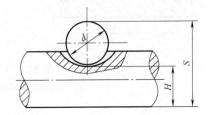

图 3-53　半圆键槽深度测量

3. 半圆键槽的检测

半圆键槽的宽度一般用塞规或塞块检测。槽深可用一块直径和厚度都略小于半圆键槽铣刀尺寸的圆片插入槽内，再用游标卡尺或千分尺间接测量，如图 3-53 所示，槽深 $H=S-d$。

在没有合适的圆片时，可用深度游标卡尺或深度千分尺直接测量槽深。

第四节　工件的切断

一、锯片铣刀及其选择

锯片铣刀有粗齿、中齿和细齿之分。粗齿锯片铣刀的齿数少，齿槽容屑空间大，但宽度的尺寸精度低（公差等级为 IT13），故适宜于作锯断工件之用。中齿锯片铣刀的齿数较多；细齿锯片铣刀的齿数更多，齿更密更细，这两种铣刀宽度的精度较粗齿的要高（公差等级为IT11），适宜于锯断较薄的工件，也常用作铣窄槽。

为了减少其两侧面与切口之间的摩擦，铣刀厚度自圆周向中心逐渐减薄，一直到铣刀的中部凸缘为止。

锯片铣刀切断时，主要选择锯片铣刀的直径和宽度。在能够把工件切断的前提下，尽量选择直径较小的锯片铣刀，铣刀直径可按式（3-11）确定

$$D > d + 2t \tag{3-11}$$

式中　D——锯片铣刀直径（mm）；

　　　d——铣刀杆垫圈直径（mm）；

　　　t——工件切断厚度（mm）。

锯片铣刀直径确定后，再确定铣刀宽度。一般情况下切断用锯片铣刀的宽度取 2～5mm，锯片铣刀直径大时选用宽度大的铣刀，锯片铣刀直径小时选用宽度小的铣刀。

二、锯片铣刀的装夹

锯片铣刀由于厚度小而直径较大，强度低，刚性差，切断时深度又较深，受力较大，铣削中容易折断。安装锯片铣刀时应注意下列要点：

1）安装锯片铣刀时，在刀杆与铣刀之间，一般均不安装键，铣刀紧固后依靠刀杆垫圈

与铣刀两侧端面间的摩擦力带动铣刀旋转并切断工件。为了防止刀杆的紧固螺母在铣削中松动，最好在靠近紧固螺母的刀杆垫圈内安装键，如图 3-54 所示。

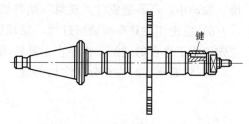

图 3-54　刀杆紧固螺母的防松措施

2）安装锯片铣刀时，铣刀应尽量靠近铣床主轴端部，安装挂架时，挂架尽量靠近铣刀，以增加刀杆刚性，减少切断中的振动。

3）安装大直径锯片铣刀时，应在铣刀两端面处使用大直径的刀杆垫圈，以增加安装刚性和摩擦力，使切断工作平稳。

4）锯片铣刀安装后，应检查刀齿的径向圆跳动和端面圆跳动是否在规定要求范围内。

三、工件的装夹

工件必须装夹得十分牢固，因为在切断工作中，往往由于工件松动而引起铣刀折断和工件报废。

1. 用机用钳装夹工件时

固定钳口一般应与主轴轴线平行，铣削力应朝向固定钳口。工件伸出钳口一端的长度尽可能短一些，以铣刀不碰到钳口或压板为宜，这样可以增加工件支持刚性，减少切断中的振动。

2. 用压板装夹工件时

压板的压紧点尽可能靠近铣刀，工件侧面和端面处可安装定位靠铁，既可定位，又可承受一定的切削力，防止切断中工件位置移动而损坏铣刀。工件切缝应处于工作台 T 形槽上方，以防切断中铣坏工作台面。

3. 在成批生产时

可设计专用夹具来装夹工件。用专用夹具装夹工件时，夹具定位面应与主轴轴线平行，铣削力应朝向夹具的定位支承部位。

四、工件的切断

如图 3-55 所示。切断工件应应尽量采用手动进给，进给速度要均匀。若采用机动进给时，应先手动进给使铣刀切入工件后，再机动进给，进给速度不能太快，工件将要切断时，必须改为手动进给缓慢切出。

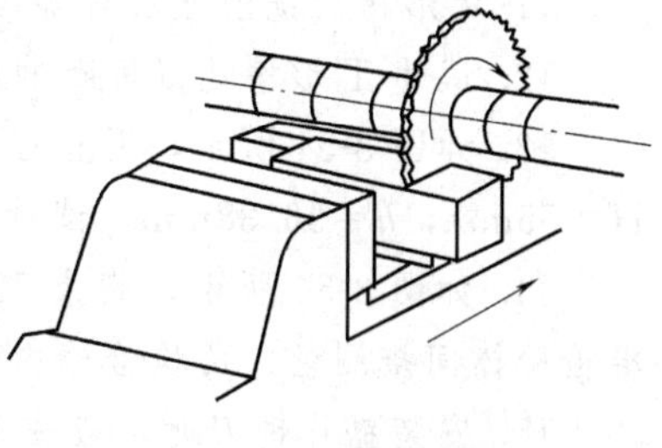

切断工件时还应注意以下几点：

1）切削开始前应检查检查台"零位"的正确性，否则容易把锯片铣刀扭碎，这是锯片铣刀折断的主要原因之一。

图 3-55　工件的切断

2）应保持锯片铣切削刃口锋利，不允许使用磨钝的铣刀切断工件。不能使两侧刀尖明显磨损，尤其不能用两侧刀尖磨损不均匀的锯片铣刀来切断工件，否则会因两侧受力不平衡而造成铣刀折损。

3）锯片铣刀的直径应尽可能选择得小一些，只要能切断工件即可，直径太大铣刀容易折断。

4）在切断较薄的工件时，最好使锯片铣刀的外圆恰好与工件底面相切，或稍高于底面（＜0.5mm）。这样铣刀与工件的接触角大，同时工作的齿数多，且垂直分力小，则铣削平稳，振动小，不易造成打刀现象。此时切断处下面不应在 T 形槽上，而应处在实体上面。

5）应密切注意观察铣削过程，发现铣刀因夹持不紧或铣削力过大，而产生停刀现象时，应先停止工作台的进给，再停止主轴转动，退出工件。

6）切断钢件时应充分浇注切削液。

本 章 小 结

通过本章的学习，重点掌握以下内容：

1. 台阶的铣削方法：用三面刃铣台阶、用面铣刀铣台阶、用立铣刀铣台阶。

2. 直角沟槽的铣削方法：用三面刃铣直角沟槽、用立铣刀或键槽铣刀铣直角沟槽。

3. 轴上键槽的铣削：工件的装夹、对刀方法、铣削方法。

4. 成形槽的铣削：V 形槽、T 形槽、燕尾槽、半圆槽的铣削。

5. 工件的装夹及切断。

复习思考题

1. 铣削台阶的方法有哪几种？各有何特点？

2. 铣削台阶和沟槽时为什么要精确地找正夹具？怎样找正？

3. 用组合铣削法铣台阶时，铣出的台阶产生上部窄、下部宽的现象，这是什么原因造成的？怎样防止？

4. 在铣沟槽时，铣出的槽尺寸往往比铣刀的尺寸大，这是什么原因造成的？怎样防止？

5. 用三面刃铣刀和立铣刀铣直角沟槽各有哪些特点？

6. 在铣床上装夹轴类工件的方法有哪几种？各有何特点？

7. 铣轴上键槽时，常用的对中方法有哪几种？如何选择？

8. 用键槽铣刀铣削键槽时，用 V 形槽装夹工件，有什么优缺点？

9. 键槽宽度上的对称线要求通过轴的中心，调整方法有哪几种？加工后怎样检验？

10. 铣出的键槽槽宽尺寸超差的原因有哪些？

11. V 形槽的铣削方法有哪几种？

12. 试述 T 形槽铣刀折断的原因及防止方法。

13. 如图 3-54 所示，用直径分别为 40mm 和 25mm 的标准检验棒测量 90°V 形槽，测得 $H=55$mm，$h=36.38$mm。试计算 V 形槽的实际槽角 α。

14. 如图 3-54 所示，测量 55°燕尾槽，已测得槽深 $H=10.05$mm，用直径为 8mm 的标准检验棒间接测量，两检验棒内侧间距 $M=20.75$mm。试计算燕尾槽槽口宽度 A。

15. 安装锯片铣刀时，应注意些什么？

16. 切断工件时还应注意哪些方面？

第四章　分度方法

教学目标　1. 了解分度头的结构及使用方法。
　　　　　　2. 熟练掌握简单分度法和角度分度法的计算和分度方法。
教学重点　1. 分度头的结构及使用方法。
　　　　　　2. 简单分度法和角度分度法的计算和分度方法。
教学难点　简单分度法和角度分度法的计算和分度方法。

许多机械零件，如花键、离合器、齿轮等在铣削时，需要利用分度头进行圆周任意角度的分度，才能铣出等分的齿槽。分度头是铣床的重要精密附件之一，通常在铣床上使用的分度头有万能分度头、半万能分度头和等分分度头等。其中以万能分度头使用最为广泛。

第一节　万能分度头

一、万能分度头的规格和功用

1. 规格

按中心高分类，万能分度头常用规格有：F1180，F11100，F11125，F11160 等，其中 F11125 型万能分度头是铣床上应用最为广泛的一种。

万能分度头的代号的含义为：

F11125　中心高 125mm；

　　　　万能型；

　　　　分度头。

2. 功能

万能分度头的主要功能是：

1）能够将工件作任意的圆周等分或直线移距分度。

2）可把工件的轴线置放成水平、垂直或任意的倾斜位置。

3）通过交换齿轮，可使分度头主轴随铣床工作台的纵向进给运动作连续旋转，实现工件的复合进给运动，以铣削螺旋面和等速凸轮的形面等。

二、万能分度头的结构和传动系统

1. 万能分度头的结构

万能分度头的外形和组成如图 4-1 所示。

（1）基座　基座是分度头的本体，分度头的大部分零件均装在基座上。基座底面槽内装有两块定位键，可与铣床工作台面上的中央 T 形槽相配合，以精准定位。

（2）分度盘（又称孔盘）　分度盘套装在分度手柄上，盘上（正、反面）有若干圈在圆周上均布的定位孔，作为各种分度计算和实施分度的依据。分度盘配合分度手柄完成不是整数的分度工作。不同型号的分度头配有 1 块或 2 块分度盘，F11125 型万能分度头有 2 块分度盘。分度盘上孔圈的孔数见表 4-1。

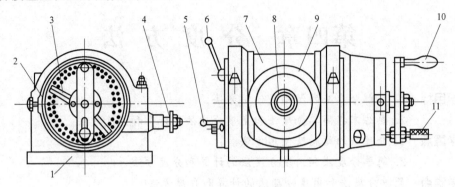

图 4-1　万能分度头的外形

1—基座　2—分度盘　3—分度叉　4—交换齿轮轴　5—蜗杆脱落手柄
6—主轴锁紧手柄　7—回转体　8—主轴　9—刻度盘　10—分度手柄　11—定位销

　　分度盘的左侧有一紧固螺钉，当工件需转动时可松开此螺钉，用手轻敲分度手柄，使分度手柄随同分度盘一起作微量转动，进行差动分度、螺旋面加工等。

　　（3）分度叉　分度叉由两个叉脚组成，其开合度的大小按分度手柄所需转过的孔距数予以调整并固定。分度叉的功能是防止分度差错和方便分度。

表 4-1　分度盘的孔圈数

盘块面	盘的孔圈数
带一块分度盘	正面：24、25、28、30、34、37、38、39、41、42、43 反面：46、47、49、51、53、54、57、58、59、62、66
带两块分度盘	第一块　正面：24、25、28、30、34、37 　　　　　反面：38、39、41、42、43
	第二块　正面：46、47、49、51、53、54 　　　　　反面：57、58、59、62、66

　　（4）交换齿轮轴　用于与分度头主轴间安装交换齿轮进行差动分度，或用于与铣床工作台纵向丝杠间安装齿轮进行直线移距分度或铣削螺旋面等。

　　（5）蜗杆脱落手柄　用于脱开蜗杆与蜗轮的啮合，按刻度盘 9 直接进行分度。

　　（6）主轴锁紧手柄　通常用于在分度后锁紧主轴，使铣削力不致直接作用在分度头的蜗杆、蜗轮上，减小铣削时的振动，保持分度头的分度精度。

　　（7）回转体　安装分度头主轴等的壳体形零件，主轴随回转体可沿基座 1 的环形导轨转动，使主轴轴线在以水平为基准的 $-6°\sim+90°$ 范围内做不同仰角的调整。调整时应先松开基座上靠近主轴后端的两个螺母，调整后再加以紧固。

　　（8）主轴　分度头主轴是一空心轴，F11125 型主轴前后两端均为莫氏 4 号锥孔，前锥孔用来安装顶尖或锥度心轴，后锥孔用来安装交换齿轮轴，用于安装交换齿轮。主轴前端的外部有一段定位锥体（短圆锥），用来安装三爪自定心卡盘的法兰盘。

　　（9）刻度盘　固定在主轴的前端，与主轴一起转动。其圆周上有 $0°\sim360°$ 的等分刻线，在直接分度时用来确定主轴转过的角度。

（10）分度手柄　分度用，摇动分度手柄时主轴按一定转动比回转。

（11）定位插销　在分度手柄的曲柄一端，可沿曲柄作径向移动调整到所选孔数的孔圈圆周，与分度叉配合准确分度。

2. 万能分度头的传动系统

万能分度头的传动系统如图 4-2 所示。

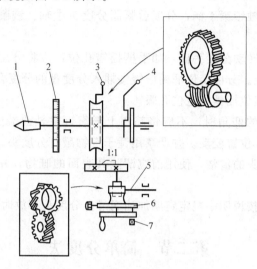

图 4-2　万能分度头的传动系统

1—主轴　2—刻度盘　3—蜗杆脱落手柄　4—主轴锁紧手柄　5—交换齿轮轴　6—分度盘　7—定位插销

分度时，从分度盘定位孔中拨出定位插销，转动分度手柄，手柄轴随着一起转动，通过一对齿数相同（传动比为 1∶1）的直齿圆柱齿轮，以及传动比为 40∶1 的蜗杆副，使分度头主轴带动工件转动实现分度。

此外右侧的交换齿轮轴通过一对传动比为 1∶1 的交错轴传动的斜齿圆柱齿轮与空套在手柄轴上的分度盘相连，当交换齿轮轴转动时带动分度盘转动，用以进行差动分度或铣削螺旋面。

三、万能分度头的附件及其功能

万能分度头的附件有三爪自定心卡盘、前顶尖、拨盘和鸡心夹、心轴、千斤顶、交换齿轮以及尾座等。

用在分度头上的交换齿轮是成套的，F11125 型万能分度头配有 12 个交换齿轮，其齿数是 5 的倍数，分别为：25（2 只）、30、35、40、50、55、60、70、80、90、100。

尾座与分度头联合使用，可用来支承较长的工件。尾座上有一后顶尖，与分度头上的前顶尖一起支承工件。转动尾座手轮，后顶尖就可以进退，以便装卸工件。后顶尖连同其转体可以倾斜一个不大的角度，由侧面的紧固螺母固定在所需的位置上，顶尖的高度也可以调整。尾座底座下有两个定位键块，用于保持后顶尖轴线与工作台纵向进给方向的一致。

四、万能分度头的正确使用和维护

万能分度头的是铣床上的重要精密附件，正确地使用及日常的维护对延长其使用寿命和保持其精度是十分重要的，为此在使用和维护时应注意以下要点：

1）分度头蜗杆和蜗轮的啮合间隙应保持在 0.02～0.04mm 范围内，过小易使蜗轮磨损，过大易使工件的分度精度受到铣削力等因素的影响。间隙的调整可通过调整螺钉伸出的长度来完成。

2）在装卸、搬运分度头时要保护好主轴和两端锥孔及基座底面，以免损坏。

3）在分度头上夹持工件时，最好先锁紧分度头主轴。紧固工件时切忌使用接长套筒在扳手上施力。

4）分度前先松开主轴锁紧手柄，分度后紧固分度头主轴。铣削螺旋面时主轴锁紧手柄应松开。

5）分度时应顺时针转动分度手柄，如手柄摇错孔位，应将分度手柄逆时针转动半圈后再顺时针转动到规定孔位。分度定位插销应缓慢插入分度盘的分度孔内，切勿突然将定位插销插入孔内，以免损坏定位插销和定位孔眼。

6）调整分度头主轴的仰角时，不应将基座上部靠近主轴前端的两个内六角螺钉松开，否则会使主轴的"零位"位置变动。并严禁用锤子等物敲打分度头。

7）要经常保持分度头的清洁，使用前应清除其表面的脏物，并将主轴锥孔和基座底面擦拭干净。

8）分度头各部分应按说明书规定定期加油润滑；分度头存放时应涂防锈油。

第二节　简单分度法

简单分度法又称单式分度法，是最常用的分度法。在铣床上对工件简单分度可在万能分度头或回转工作台上进行。

一、用万能分度头简单分度

用万能分度头简单分度法分度时，应先将分度盘固定，转动分度手柄，使蜗杆带动蜗轮旋转，从而带动主轴和工件转过一定的转（度）数。

1. 分度原理

由图 4-2 所示的万能分度头传动系统可知，分度手柄转过 40r，分度头主轴转过 1r，即传动比为 40∶1，"40"就是分度头的定数。"定数"也就是分度头内蜗杆副的传动比。各种常用的分度头（FK 型数控分度头除外）都采用这个定数。

例如要分度头主轴转过 1/2r（即把圆周 2 等分，亦即 $z=2$），分度手柄就要转过 20r（即 $n=20$）。如果分度头主轴要转过 1/5r，（即把圆周 5 等分，亦即 $z=5$），分度手柄就要转过 8r（即 $n=8$）。由此可知分度手柄的转数 n 和工件等分数 z 关系如下

$$1 : n = \frac{1}{40} : \frac{1}{z}$$

即
$$n = \frac{40}{z} \tag{4-1}$$

式中　　n——分度手柄转数（r）；

　　　　z——工件的等分数（齿数或边数）；

　　　　40——分度头的定数。

式（4-1）为简单分度的计算公式。当计算得到的转数 n 不是整数而是分数时，可利用分度盘上的孔数来进行分度。具体方法是：选择分度盘上某孔圈，其孔数为分母的整倍数，

然后将该真分数的分子、分母同时增大该整数倍，利用分度叉实现非整转数部分的分度。

例 4-1 在 F11125 型万能分度头上铣削一个正八边形的工件，试求每铣一边后分度手柄的转数。

解 已知：$z=8$ 将其代入式（4-1）得

$$n=\frac{40}{z}=\frac{40}{8}=5$$

故每铣完一边后，分度手柄应转过 5r。

例 4-2 在 F11125 型万能分度头上铣削一个六角头螺栓的六方，求每铣一面时，分度手柄应转过多少转？

解 已知：$z=6$ 将其代入式（4-1）得

$$n=\frac{40}{z}=\frac{40}{6}=6\frac{2}{3}=（6+\frac{44}{66}）$$

故分度手柄应转过 6r 后又在分度盘孔数为 66 的孔圈上转过 44 个孔距数，这时工件转过 1/6r。

例 4-3 铣削一个齿数为 48 的齿轮，分度手柄应转过多少转后再铣第二个齿？

解 已知 $z=48$，将其代入式（4-1）得

$$n=\frac{40}{z}=\frac{40}{48}=\frac{5}{6}=\frac{55}{66}$$

故分度手柄应转过 55/66r，这时工件转过 1/48r。

2. 分度盘和分度叉的使用

由例 4-2 和例 4-3 可以看出，当按式（4-1）计算得到的分度手柄转数为分数（手柄转数不是整转数）时，对其非整转数部分的分度需要使用分度盘和分度叉，使用分度盘和分度叉时应注意以下两点：

1）选择孔圈时，在满足孔数是分母整数倍的条件下，一般应选择孔数较多的孔圈。如在例 4-2 中，$n=\frac{40}{6}=6\frac{2}{3}=6\frac{16}{24}=6\frac{20}{30}=6\frac{26}{39}=\cdots=6\frac{44}{66}$，可选择的孔圈孔数分别可以为 24、30、39、$\cdots$、66 等 8 个，一般选择孔数为 42 或 66 的孔圈（分别在第一块和第二块分度盘的反面）。因为一方面在分度盘上孔数多的孔圈离轴心较远，操作方便；另一方面分度误差较小（精确高）。

2）分度叉两叉脚间的夹角可调，调整的方法是使两叉脚间的孔数比需要的孔数应多 1 个。如图 4-3 所示，两叉脚间有 7 个孔，但只包含了 6 个孔距。在例 4-2 中，$n=6\frac{2}{3}=6\frac{28}{42}$，如选择孔数为 42 的孔圈，分度叉两叉脚间应有 $28+1=29$ 个分度孔。

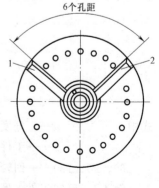

图 4-3 分度叉

每次分度时，将定位插销从叉脚 1 内侧的定位孔中拔出并转动 90°锁住，然后摇动分度手柄所需的整数圈后，将定位插销摇到叉脚 2 内侧的定位孔上方，将定位插销转动 90°后轻轻插入该定位孔内，然后转动分度叉使叉脚 1 靠紧定位插销（此时叉脚 2 转动到下一次分度时所需的定位位置）。

二、用回转工件台简单分度

1. 回转工件台

回转工件台是铣床的主要附件之一。它的主要功能是在圆工作台台面上装夹中小型工件，进行圆周分度和作圆周进给铣削回转曲面，如铣削多边形工件、有分度要求的槽或孔、工件上的圆弧形周边、圆弧形槽等。回转工作台分为手动进给和机动进给两种。手动进给回转工件台（见图 4-4）只能手动进给；机动进给回转工作台（见图 4-5）既能手动进给又可机动进给。

回转工作台可配分度盘，对工件进行简单分度（或角度分度）。

回转工作台的规格以回转工作台的外径表示，有 160mm、200mm、250mm、320mm、400mm、500mm、630mm、800mm、1000mm 等规格，常用的型号有 T12160、T12200、T12250、T12320、T12400、T12500 等。回转工作台的传动比常用的有 60：1、90：1 和 120：1 三种，即回转工作台的手轮转 1r，回转工作台相应转过 1/60r（即 6°）、1/90r（即 4°）和 1/120r（即 3°）。也就是回转工作台的定数有 60、90 和 120 三种。

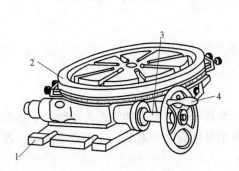

图 4-4　手动进给回转工作台

1—底座　2—回转工作台　3—蜗杆　4—手柄

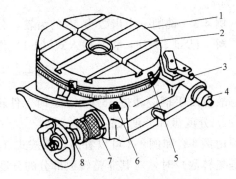

图 4-5　机动进给回转工作台

1—回转工作台　2—锥孔　3—离合器手柄　4—传动轴
5—挡铁　6—螺母　7—偏心环　8—手轮

2. 分度计算

根据回转工作台三种不同的定数和手柄转数与工件等分数之间的关系，与用万能分度头进行简单分度的原理相同，可导出回转工作台简单分度的计算公式

$$n = \frac{60}{z} \tag{4-2}$$

$$n = \frac{90}{z} \tag{4-3}$$

$$n = \frac{120}{z} \tag{4-4}$$

式中　　　　　　n——分度时回转工作台手柄转数（r）；

　　　　　　　　z——工件的圆周等分数；

　60、90、120——回转工作台的定数。

例 4-4　已知工件的圆周等分数为 14，要求进行在定数为 90 的回转工作台上简单分度计算。

解　已知 $z=14$，将其代入式（4-3）得

$$n=\frac{90}{z}=\frac{90}{14}=6\ \frac{3}{7}=6\ \frac{18}{42}$$

故分度时手柄在孔数为 42 的孔圈上转 6r 再加 18 个孔距。

例 4-5 在定数为 120 的回转工作台上,工件的等分数 $z=22$,要求进行简单分度计算。

解 已知 $z=22$,将其代入式(4-4)得

$$n=\frac{120}{z}=\frac{120}{22}=5\ \frac{5}{11}=5\ \frac{30}{66}$$

故分度时手柄在孔数为 66 的孔圈上转 5r 再加 30 个孔距。

第三节　角度分度法

角度分度法是简单分度的另一种形式,只是计算的依据不同。简单分度时是以工件的等分数 z 作为分度计算的依据,而角度分度法是以工件所需转过的角度 θ 作为分度计算依据。但两者的分度原理相同,只是在具体计算方法上有些不同。

由分度头的结构可知,分度手柄摇 40 转,分度头带动工件转一转,也就是转了 360°。即分度手柄转一转,工件将转过 9°,根据这种关系就可得出如下计算公式

$$\frac{1}{n}=\frac{9}{\theta}$$

角度以"°"为单位时:　　　　　　　$$n=\frac{\theta}{9} \qquad\qquad (4-5)$$

角度以"′"为单位时:　　　　　　　$$n=\frac{\theta}{540} \qquad\qquad (4-6)$$

式中　n——分度手柄的转数(r);

　　　θ——工件所需转的角度(°或′)。

例 4-6 在 F11125 型万能分度头上装夹工件,铣削夹角为 116° 的两条槽,求分度手柄的转数。

解 已知 $\theta=22$,将其代入式(4-5)得

$$n=\frac{\theta}{9}=\frac{116}{9}=12\ \frac{8}{9}=12\ \frac{48}{54}$$

故分度时手柄在孔数为 54 的孔圈上转 12r 后再加 48 个孔距。

例 4-7 在图 4-6 所示圆柱形工件上铣两条直槽,其所夹圆心角 $\theta=38°10'$,求分度手柄应转过的转数。

解 已知 $\theta=38°10'=2290'$,将其代入式(4-6)得

$$n=\frac{\theta}{540}=\frac{2290}{540}=4\ \frac{13}{54}$$

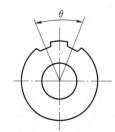

图 4-6　带两槽的工件

故分度时手柄在孔数为 54 的孔圈上转 4r 后再加 13 个孔距。

本　章　小　结

通过本章的学习,了解分度头的结构及其附件和使用方法。重点掌握简单分度法和角度分度法。

复习思考题

1. 万能分度头的主要功能有哪能？万能分度头有哪几种型号？
2. 何谓简单分度法？试推导简单分度法的计算公式。
3. 何谓万能分度头的定数？常用分度头的定数是多少？
4. 如何正确使用和维护万能分度头？
5. 在铣床上用万能分度头有哪几种分度方法？各应用在什么场合？
6. 在 F11125 型分度头上，试作下列等分数计算：(1) $z=14$；(2) $z=32$；(3) $z=72$。
7. 什么是角度分度？采用角度分度法需进行哪些计算？
8. 在 F11125 型分度头上，试作下列角度分度计算：(1) $\theta=20°$；(2) $\theta=42°50'$。

第五章　成形面和球面的铣削

教学目标　1. 掌握曲面铣削的方法和影响曲面铣削质量的因素。
　　　　　　2. 掌握成形面铣削的方法和影响成形面铣削质量的因素。
　　　　　　3. 了解球面铣削的注意事项和质量分析方法。
　　　　　　4. 掌握球面铣削的原理和方法。

教学重点　1. 曲面的铣削。
　　　　　　2. 成形面的铣削。
　　　　　　3. 简单成形面铣削的质量分析。
　　　　　　4. 球面铣削的展成原理。
　　　　　　5. 外球面的铣削。
　　　　　　6. 内球面的铣削。
　　　　　　7. 球面铣削的注意事项和质量分析。

教学难点　球面铣削的展成原理，及内、外球面铣削的方法。

　　一个或一个以上方向截面内的形状为非圆曲线的形面称为成形面。只在一个方向截面内的形状为非圆曲线的成形面称为简单成形面。本章只介绍由直素线形成的成形表面和球面的加工。

第一节　简单成形面的铣削

　　根据工件的形状不同，成形面又分为两种类型。一般直素线较短的不封闭的成形面，称为曲面，如图 5-1 所示的压板、支承板、凸轮和连杆等，可用立铣刀在立式铣床或仿形铣床上加工；而直素线较长的成形面，称为成形面，如图 5-2 所示，一般可用成形铣刀在卧式铣床上加工。

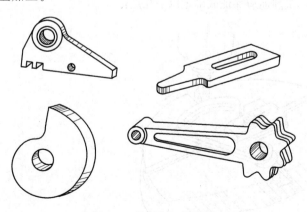

图 5-1　具有曲面的工件

图 5-2　成形的曲面工件

铣削曲面在工艺上必须保证如下要求：

1）曲线的形状应符合图样要求，曲线连接的切点位置准确。

2）曲面对基准应处于要求的正确相对位置。

3）曲面连接处圆滑，无明显的"啃刀"和凸出余量，曲面铣削刀痕平整均匀。

在立式铣床上铣削曲面的方法有三种：按划线用手动进给铣削、用回转工作台铣削和用仿形法（靠模法）铣削。

一、用回转工作台铣圆弧和直线组成的曲面

工件的曲面外形由圆弧和直线或半径不等的圆弧线所组成，在数量不多的情况下，大多采用回转工作台在立式铣床上进行加工。

在回转工作台上用划线的方法加工如图 5-3 所示的扇形板，铣削时的工作步骤如下。

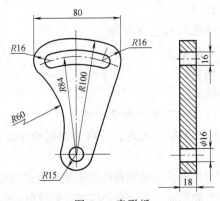

图 5-3　扇形板

1. 选择铣刀

铣削只有凸弧的曲面，立铣刀的直径不受限制；铣削有凹弧的曲面，立铣刀的半径必须等于或小于凹弧的曲率半径，否则曲线外形将被破坏。为了保证铣削时铣刀有足够的刚性，在条件允许的情况下，尽可能选用直径较大的立铣刀。

2. 在回转工作台上加工

用回转工作台在立式铣床上加工，如图 5-4 所示。为了保证工件圆弧中心位置和圆弧半径尺寸，以及使圆弧面与相邻表面圆滑相切，铣削前应保证或确定以下几点：

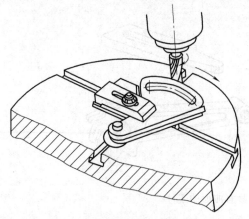

图 5-4　铣削圆弧曲面工件的装夹

1）工件圆弧面中心必须与回转工作台中心重合。

2）准确地调整回转工作台与铣床主轴的中心距。

3）确定工件圆弧面开始铣削时回转工作台的转角。

4）若工件圆弧面的两端都与相邻表面相切，要确定圆弧面铣削过程中回转工作台应转过的角度。

为此，在回转工作台安装后，首先要找正回转工作台与铣床主轴的同轴度，其目的是为了便于以后找正工件圆弧面和回转工作台的同轴度，也是精确地控制回转工作台与铣床主轴的中心距及确定工件圆弧面开始铣削位置的一个重要步骤。一般精度要求的工件可用顶尖找正法，如图5-5a所示；精度要求较高时，则可在顶尖找正法的基础上，使用环表找正法，如图5-5b所示。

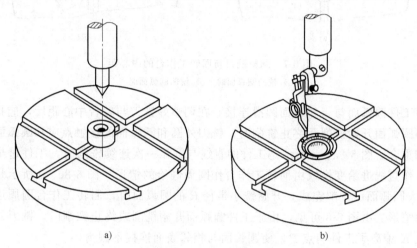

a)　　　　　　　　　　　　b)

图 5-5　找正回转工作台与铣床主轴同轴度

a）顶尖找正法　b）环表找正法

回转工作台与铣床主轴的同轴度找正后，即可装夹工件。工件夹紧前，应找正工件圆弧面与回转工作台的同轴度。这是保证工件圆弧面中心位置精度的基本要求，也可以保证所加工的圆弧面是以内孔为基准，此时只要把轴线找正到与回转工作台轴中心线同轴即可。当工件数量较少时，可用划线找正（见图5-6）或环表法找正；工件数量较多时，可在回转工作台主轴孔内装上专用心轴进行定位。

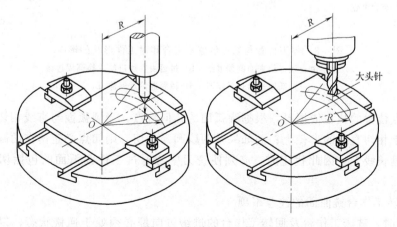

图 5-6　划线找正工件

工件装夹找正后，应调整铣刀与回转工作台的中心距，目的是为了使所铣得的圆弧面半径准确。铣凸圆弧面时，铣刀中心和回转工作台的中心距 A 等于凸圆弧半径与铣刀半径之和，如图 5-7a 所示；铣凹圆弧面时，中心距 A 等于凹圆弧半径与铣刀半径之差，如图 5-7b 所示。

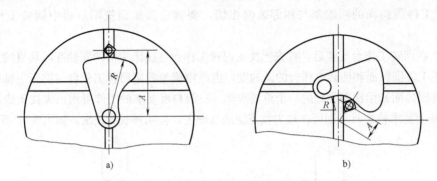

a)   b)

图 5-7　调整铣刀与回转工作台的中心距
a) 铣凸圆弧面时　b) 铣凹圆弧面时

　　为了使工件圆弧面与相邻表面圆滑连接，在调整好铣刀与转台中心距后，应找正工件切点位置。即圆弧面开始铣削及终止铣削时，铣刀外圆和圆弧面的接触点应和圆弧面与相邻表面的切点相重合。图 5-8a、b 所示是工件的直线与圆弧一次连续铣削时，工件过早及过迟由铣床工作台作直线进给变换成由回转工作台作圆周进给的情形；图 5-8c、d 所示是工件的半径为 R_1 的大圆弧面已铣削完成，开始铣小半径 R 的圆弧面时，回转工作台圆周进给过早及过迟停刀的情形。由图 5-8 可见，由于工件圆弧面开始铣削或终止铣削时，铣刀外圆与圆弧面的接触点 K 偏离了工件切点 P，使圆弧面与相邻表面连接不圆滑。

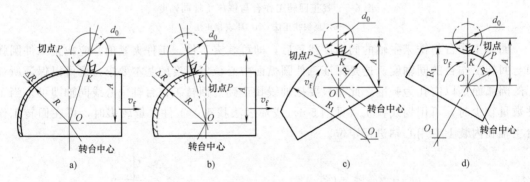

a)   b)   c)   d)

图 5-8　停刀位置与切点位置不重合和对工件形状的影响
a) 过早由直线进给变换圆周进给　b) 过迟由直线进给变换圆周进给
c) 圆周进给过早停刀　d) 圆周进给过迟停刀

　　工件切点位置的找正依据是，根据圆弧面的几何特点，当圆弧面与直线相切时，切点必定落在垂直于相切直线的半径上；而如果是两段圆弧相切，则切点必定落在两圆弧中心的连线或连线的延长线上。因此找正时，必须使铣刀中心通过工件圆弧面的包括切点半径的连线上。

　　3. 用回转工作台铣曲面的注意事项

　　1) 铣削时，铣床工作台及回转工作台的进给方向都必须处于逆铣状态，以免立铣刀折断。对回转工作台来说，铣凸圆弧面时，转台的转动方向应和铣刀旋转方向相同；而铣凹圆弧时，两者旋转方向应相反。

2）在铣削形面曲线是直线与圆弧相切的工件时，尽可能做到一次连续铣削。并且在由工作台的直线进给运动转换成转台的圆周进给运动中，转换速度要尽可能快，以防止产生"深啃"。

3）为便于操作，应使轮廓表面各部分圆滑连接，并按下列顺序进行铣削：

①凡是凸圆弧与凹圆弧相切的部分，应先加工凹圆弧面。

②凡是凸圆弧与凸圆弧相切的部分，应先加工半径较大的凸圆弧面。直线部分可看作半径最大的凸圆弧面。

③凡是凹圆弧与凹圆弧相切的部分，应先加工半径较小的凹圆弧面。

二、按划线手动进给铣曲面

单件小批量生产，且精度要求不高的曲面，常采用按划线由双手配合手动进给的方法，在立式铣床上用立铣刀的圆周刃铣削。工件的装夹如图 5-9 所示。

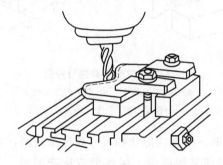

图 5-9 手动进给铣曲面

铣削方法如下：

1）曲线外形各处余量不均匀，有时相差悬殊。因此，首先进行粗铣，把大部分余量分若干次予以切除，使划线轮廓周围剩下的余量大致相等。

2）精铣时，与进给方向平行的直线部分，可以用一个方向的机动进给；外形较长又较平的部分，可以在一个方向采用机动进给，另一个方向采用手动进给配合；其他的部分应双手同时操作纵、横两个方向的进给手柄，协调配合进给。操作时要集中注意力，密切注视铣刀切削刃与划线相切的部位，用逐渐趋近的方法分几次铣至要求。

3）铣削应始终保持逆铣，尤其是在两个方向同时进给时更应注意，以免因顺铣而折断铣刀和铣废工件。

按划线手动进给铣削曲面，生产率低，加工质量不稳定，且要求操作者技术熟练，因此，仅适用于单件小批量生产，在成批大量生产时则常用仿形法（靠模法）铣削。

三、用仿形法铣削曲面

仿形法铣削曲面就是制造一个与工件形状相同或相似的模型（靠模板），依靠它使铣刀沿着其外形轮廓作相对进给运动，从而获得准确的曲面。仿形法铣削可在立式铣床或仿形铣床上进行。

用仿形法铣削曲面，可以提高加工质量和生产效率，而且操作简便、省力。

1. 手动进给仿形铣削

　　图 5-10 所示是按模型手动进给铣削曲面的情况。这种方法是将工件和模型一起装在夹具体上（见图 5-10a）或直接装夹在工作台上（见图 5-10b），然后用双手分别操作纵向和横向动进给手轮，使仿形铣刀的柄部外圆始终沿着模型的形面作进给运动，铣刀圆柱面齿刃就可将工件的曲表面逐渐铣成。粗铣时，铣刀的柄部外圆不直接和模型接触，而是使柄部外圆始终和模型形面保持一大致均等的距离，以便使曲面留下一定的精铣余量。

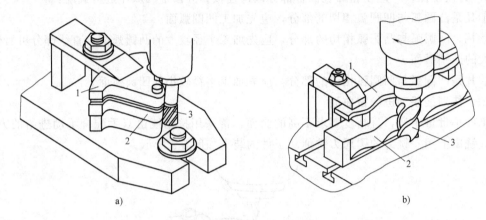

图 5-10　仿形手动进给铣削
a）装夹在夹具体上　b）装夹在工作台上
1—模型　2—工件　3—铣刀

　　为了获得准确的工件外形，模型的形状和尺寸精度都较高，且模型必须具备较高的硬度（一般为 45～45HRC），以提高其耐磨性。用这种方法铣削时，一般不能借用标准立铣刀，而必须特制或定做，使其柄部外圆与刃部外圆相等，如图 5-11 所示，为了减少模型的磨损，可在柄部加一衬套，如图 5-12 所示，将用耐磨铸铁或青铜制成的衬套压入铣刀柄部，并保证其外径与铣刀直径相等。如果在铣刀柄部加装滚珠轴承（见图 5-13），则由于轴承外圆比刃部直径大，模型的形状不能和工件形状一样，所以要根据轴承外径和铣切削刃部外径之差，将模型的凸圆弧半径缩小，凹圆弧半径放大。

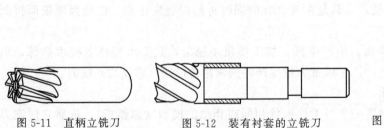

图 5-11　直柄立铣刀　　　　图 5-12　装有衬套的立铣刀　　　图 5-13　装有滚珠轴承的立铣刀

　　用手动进给仿形铣削，铣刀柄部与模型之间的接触压力大小完全由操作者感觉确定，不容易稳定，而且铣刀伸出较长，刚度差，因此表面质量也较差。

2. 用附加仿形装置铣削曲面

这种方法是在手动进给仿形铣削的基础上改进而成的，目的是减轻劳动强度，简化操作，并提高加工精度。图 5-14 即为用附加装置铣削连杆的情形，在铣削连杆大头外形时，用回转工作台配合附加仿形装置，这套装置除了采用仿形装置外，还用了滚轮和重锤。滚轮 2 在重锤 1 的作用下始终压着模型 3，模型 3 牢固地安装在仿形装置的活动工作台 4 上，要铣的连杆 5 就固定在这个工作台上。当工件由于回转工作台手轮的转动而作圆周进给的时候，铣刀 6 就将工件铣出与图样相同的曲面外形。

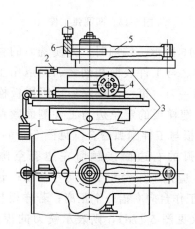

图 5-14　用附加仿形装置铣连杆曲面

1—重锤　2—滚轮　3—模型　4—活动工作台　5—连杆　6—铣刀

3. 仿形铣削时的注意事项

1）铣削过程中靠模销应在模型表面平滑移动，模型表面涂以润滑剂。

2）靠模仪是伺服系统信号机构，较精密，找正模型或铣削中，注意保护靠模仪的精度，停机时将靠模仪退离模型。

3）仿形铣削时，适当调整进给量和靠模仪的灵敏度。粗铣时灵敏度调低些，精铣时调高些，有利于提高仿形精度及表面质量。

四、用成形铣刀加工成形面

1. 成形铣刀

切削刃形状是根据工件形状设计和制造的铣刀，称作成形铣刀。成形铣刀的切削刃廓形与工件表面的形状相反。工件上的各种曲线形状表面，一般可采用成形铣刀铣削。对于成形面较宽或者由几种曲线组成形面，可以设计成几把铣刀，组成所需的切削刃廓形。此时，每两把铣刀之间应交错重叠，避免因为间隙而使被铣削工件的表面出现毛刺和飞边。

成形铣刀有尖齿成形铣刀和铲齿成形铣刀。由于尖齿成形铣刀的制造和刃磨都需要有专用的工具，比较困难，故常用的为铲齿成形铣刀，其后面为阿基米德螺旋面。对于前角大于 0°的成形铣刀，其切削刃廓形须进行修正计算。

2. 铣削方法

图 5-15 是具有凹圆弧的工件。加工这一类工件，相当于铣削形状是圆弧的槽，因此其加工方法与铣削沟槽基本相同。如铣刀也应选择与槽子截面形状相同，即采用圆弧半径为

25mm 的成形铣刀加工；夹具的支承面（如固定钳口）应与纵向进给一致；铣刀与夹具支承面在横向方向应调整到准确的位置。

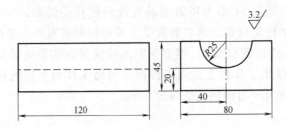

图 5-15　凹圆弧工件

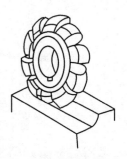

图 5-16　铣凹圆弧

铣削凹圆弧的情况如图 5-16 所示。铣削时，先使铣刀的直径最大点大致对准工件的中间，并使之与工件表面相切，纵向退出工件，再将工作台上升 20mm 左右铣第一刀。第一刀铣完后，用样板检查凹圆弧的位置是否准确。检查时，把样板的定位边与工件侧面紧贴，并使之与工件的凹圆弧接合。若样板与工件圆弧密合（见图 5-17a）则表示位置准确；若样板与工件圆弧的右边面接触而左边有空隙（见图 5-17b），则表示铣刀偏在左侧，应把工作台和工件向左移动；若出现如图 5-17c 所示的情况，则应把工作台向右摇一个距离；若样板与工件圆弧的两边接触而中间有空隙（见图 5-17d），则表示铣刀的齿形不准，是在刃磨时前角增大的缘故，应重磨铣刀。当把铣刀的前角磨小或磨成负前角时，铣出的工件圆弧半径会增大，会出现与图 5-17d 相反的现象，即中间接触两侧有空隙，此时铣刀也应重磨。当铣刀与工件的横向位置准确，形线也准确后，即可把工作台上升到需要的位置，以获得准确的深度尺寸。

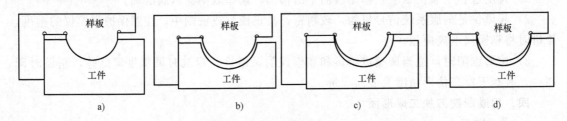

图 5-17　用样板检验凹圆弧的位置
a）密合　b）左侧有间隙　c）右侧有间隙　d）中间有间隙

对具有凸圆弧或其他曲线形状的表面工件，其加工方法和应掌握的原则，均与加工凹圆弧相同。

在铣削成形面时，若第一刀铣削时的位置不准，可在作横向位置调整后，再切深 1mm 左右，检查铣刀的位置是否已准确。可如此反复作多次调整，一直到位置准确为止。

3. 铣成形面时的注意事项

1）铣削成形面时，由于切削余量不够均匀、宽度较大和铣刀的工作条件较差。因此，当工件的余量较多时，应分成粗铣和精铣两个步骤进行，如图 5-18 所示。粗铣时，可以用形状不很正确并磨成具有正前角的成形铣刀加工，也可先用普通铣刀来切去较多的余量；精铣时再用精确的成形铣刀铣削。

2）成形铣刀制造比较困难、刃磨比较费时，故价格较昂贵。为了提高刀具的寿命，使用时应采用较低的铣削速度，即为圆柱形铣刀的 75% 左右。

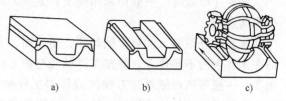

图 5-18　成形面粗、精铣过程
a）坯件　b）粗铣后形状　c）精铣

3）成形铣刀不允许用得很钝，因为这样会把刀齿磨去很多和增加刃磨铣刀的困难，甚至使成形面的精度降低。

4）当工件接近铣刀时，应使铣刀慢慢地切入，以免刀齿由于突然撞击而损坏铣刀。

5）粗铣时，可在铣刀齿背刃口处交错地磨出一条或几条分屑槽，能有效地改善切削和排屑状况。

第二节　球面的铣削

球面铣削是根据平面与球面相截，所得截形是圆这个基本原理的一种加工方法。当平面与直径为 D 的球面相截时，所得截面图形的圆心 O_1 与球心 O 重合，而截形圆的直径 D 则与截平面至球心 O 的距离 e 有关（见图 5-19）。铣削球面时，使铣刀盘刀尖旋转运动的轨迹与球面的截形圆重合，并且用分度头使工件绕自身轴线旋转，即可铣出球面。

一、球面的性质和展成原理

球面的几何特点是从其表面上任一点到球心的距离不变，这个距离是球面半径 R；当一个平面和球面相截，所得的截面图形总是一个圆（见图 5-20a）。截形圆的圆心是球心 O 在截平面上的投影 O_c，而截形圆的直径 d_c 则和截平面离球心的偏距 e 有关（见图 5-20b）。显然，在

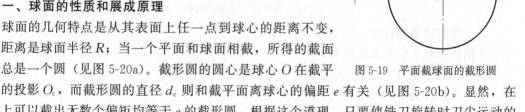

图 5-19　平面截球面的截形圆

球面上可以截出无数个偏矩均等于 e 的截形圆。根据这个道理，只要使铣刀旋转时刀尖运动的轨迹与球面的截形圆重合，然后再由工件绕自身轴线的旋转运动相配合，即可铣出球面。

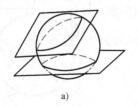
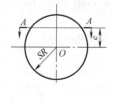
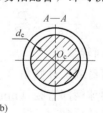

图 5-20　球面的几何特点
a）球面截形圆　b）截形圆参数

根据上述加工原理，球面铣削有以下三个基本原则：

1）铣刀的回转轴线必须通过工件的球心，以使刀尖的回转运动轨迹与球面的某一截形圆重合。

2）以铣刀刀尖的回转直径 d_c 及截形圆所在截平面与球心的距离 e 确定球面的尺寸（球面半径 R）和形状精度。

3）以铣刀回转轴线与球面工件轴线的交角（轴交角）β 确定球面的加工位置。

铣削外球面时，一般都采用硬质合金铣刀盘，工件的旋转运动是通过回转工作台或分度头来实现的。

常见的外球面工件有带柄球面、整球面、大半径球面等几种形式。在加工时，应根据球面在工件上的不同位置，调整工件轴线与铣刀回转轴线的夹角 β。调整时，如采用立式铣床加工，一般可通过倾斜铣刀轴线或倾斜工件轴线的方法来实现；而在卧式铣床上加工外球面，只能通过工件轴线倾斜来达到。铣削外球面时，轴交角 β 与球面加工位置的关系，如图 5-21 所示。轴交角 β 与工件倾斜角（或铣刀轴线倾斜角）α 之间的关系为

$$\alpha + \beta = 90°$$

在球面零件加工图中，一般标出球心位置和球面半径 R。根据这些基本尺寸，在加工前可预先计算出铣刀刀尖回转直径 d_0 和轴交角 β（或倾斜角 α）的具体数值，然后进行调整操作。

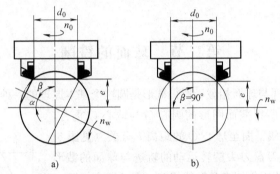

图 5-21 轴交角与外球面加工位置的关系

a）带柄球面 b）双柄球面

二、带柄球面的铣削

带柄球面有单柄和双柄两种。

1. 单柄球面加工（见图 5-22）

其计算公式为

刀盘或工件的倾斜角 $\sin 2\alpha = \dfrac{D}{2R}$ (5-1)

或 $\alpha = \dfrac{1}{2}\sin^{-1}\left(\dfrac{D}{2R}\right) = \dfrac{\arcsin\ (D/2R)}{2}$ (5-2)

刀盘刀尖回转直径 $d_0 = 2R\cos\alpha$ (5-3)

式中 α——刀盘或工件倾角（°）；

      D——圆球柄部直径（mm）；

      R——圆球半径（mm）；

      d_0——铣刀盘刀尖直径（mm）。

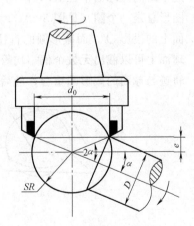

图 5-22 单柄球面铣削

例 5-1 加工一单柄球面，其柄部直径 $D = 28\text{mm}$，球面半径 $R = 32.5\text{mm}$，求倾斜角 α 和刀盘刀尖回转直径 d_0。

解 根据式（5-1）、式（5-3）可得

$$\sin 2\alpha = \frac{28\text{mm}}{2 \times 32.5\text{mm}} = 0.4307$$

$$\alpha = 12°45'$$

$$d_0 = 2 \times 32.5\text{mm} \qquad \cos 12°45' = 63.4\text{mm}$$

将铣刀装在立铣头主轴上进行铣削，先垂直进给，当刀痕与顶点重合时，停止垂直进给，转动分度头进行圆周进给，工件旋转一周，便可铣出球面。

2. 双柄球面加工

如图 5-21b 所示，两端轴径相等的双柄球面。铣削这种球面时，轴交角为 90°，即倾斜角 α 为 0°，而铣刀刀尖回转直径 d_0 可按式（5-4）计算

$$d_0 = \sqrt{4R^2 - D^2} \tag{5-4}$$

三、球台状大型球面的铣削

加工球台状大型球面时，可采用硬质合金面铣刀或铣刀盘来铣削，工件一般可装夹在回转工作台上，使其轴线与铣床工作台台面垂直，并与回转工作台同轴，然后用主轴倾斜法加工。如图 5-23 所示，刀盘刀尖回转直径的最小值 d_0，可按式（5-5）～式（5-7）计算

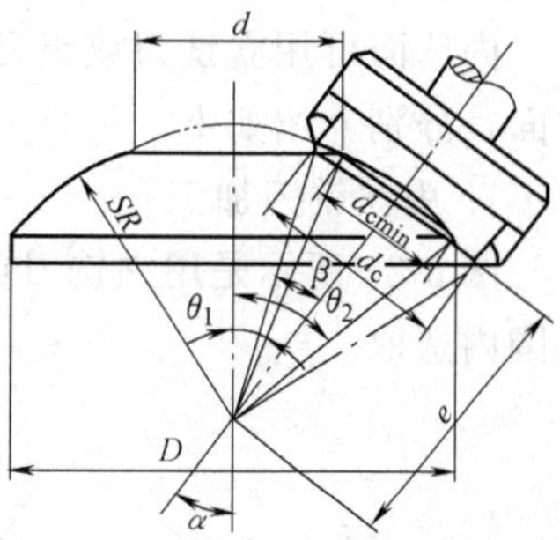

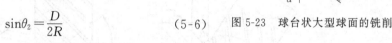

$$\sin\theta_1 = \frac{d}{2R} \tag{5-5}$$

$$\sin\theta_2 = \frac{D}{2R} \tag{5-6}$$

图 5-23 球台状大型球面的铣削

$$d_{0\min} = 2R\sin\frac{\theta_2 - \theta_1}{2} \tag{5-7}$$

式中 D、d——工件球面两端截形圆直径（mm）；

R——球面半径（mm）。

在具体确定刀盘刀尖直径时，可使 d_c 略大于 $d_{0\min}$

刀盘直径 d_c 确定后，主轴倾斜角 α 可在一定范围内选择，其最大值和最小值可按式（5-8）～式（5-10）计算

$$\sin\beta = \frac{d_c}{2R} \tag{5-8}$$

$$\alpha_{\max} = \theta_1 + \beta \tag{5-9}$$

$$\alpha_{\min} = \theta_2 - \beta \tag{5-10}$$

例 5-2 已知球面半径 $R = 400\text{mm}$，两端截形圆直径分别为：$D = 500\text{mm}$，$d = 300\text{mm}$。试确定刀盘刀尖直径 d_0 及倾斜角 α。

解 根据式（5-5）、式（5-6）得

$$\sin\theta_1 = \frac{d}{2R} = \frac{300\text{mm}}{2 \times 400\text{mm}} = 0.375$$

$$\theta_1 = 22°1'$$

$$\sin\theta_2 = \frac{D}{2R} = \frac{500\text{mm}}{2 \times 400\text{mm}} = 0.625$$

$$\theta_2 = 38°41'$$

根据式（5-9）式（5-10）得

$$d_{0\min} = 2R\sin\frac{\theta_2 - \theta_1}{2} = 2 \times 400\text{mm} \times \sin\frac{38°41' - 22°1'}{2} = 115.95\text{mm}$$

现选用 $d_0 = 120\text{mm}$。

再根据式（5-8）得

$$\sin\beta = \frac{d_c}{2R} = \frac{120\text{mm}}{2 \times 400\text{mm}} = 0.15 \qquad \beta = 8°38'$$

$$\alpha_{max} = \theta_1 + \beta = 22°1' + 8°38' = 30°39'$$

$$\alpha_{min} = \theta_2 - \beta = 38°41' - 8°38' = 30°3'$$

现选 $\alpha = 30°3'$。

四、铣内球面

内球面可用立铣刀或镗刀加工。立铣刀适用于较小的内球面，而镗刀能铣削半球大的内球面，分别介绍如下。

1. 用立铣刀加工

图 5-24 所示是用立铣刀铣内球面的情形，此时应先确定铣刀直径 d_0。d_0 值可在一定的范围内选取。

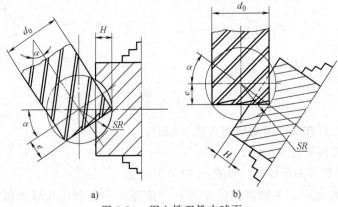

图 5-24　用立铣刀铣内球面
a) 主轴倾斜法　b) 工件倾斜法

即

$$d_{0min} = \sqrt{2RH} \tag{5-11}$$

$$d_{0max} = 2\sqrt{R^2 - \frac{RH}{2}} \tag{5-12}$$

式中　R——球面半径（mm）；

　　　H——球面深度（mm）。

在具体确定 d_0 值时，应尽可能采用较大规格的标准立铣刀，这样可使主轴或工件的倾斜角较小些。

当立铣刀直径 d_0 确定后，主轴或工件的倾斜 α 可按式（5-13）计算

$$\cos\alpha = \frac{d_0}{2R} \tag{5-13}$$

例 5-3　工件内球面半径 $R = 10\text{mm}$，深度 $H = 6\text{mm}$，确定立铣刀直径 d_0 及倾斜角 α_0。

解　将已知数代入式（5-11）和式（5-12）可得

$$d_{0min} = \sqrt{2 \times 10\text{mm} \times 6\text{mm}} \approx 11\text{mm}$$

$$d_{0max} = 2\sqrt{(10\text{mm})^2 - 10\text{mm} \times 6\text{mm}/2} \approx 16.7\text{mm}$$

现取 $d_0 = 16mm$，再根据式（5-13）

$$\cos \alpha = \frac{16mm}{2 \times 10mm} = 0.8$$

$$\alpha = 36.87°$$

2. 用镗刀加工

图 5-25 所示是用镗刀加工内球面的情形，此时应先确定倾斜角 α。在具体确定时，必须保证能将所需的球面加工出来，因而当球面半径 R 和深度 H 均不太大时其最小值可取 0°。

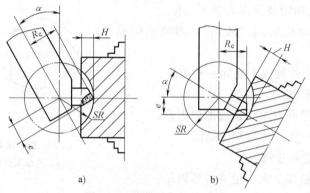

图 5-25　用镗刀加工内球面

a）主轴倾斜法　b）工件倾斜法

最大值可按式（5-14）计算

$$\sin \alpha_{\max} = \sqrt{1 - \frac{H}{2R}} \tag{5-14}$$

倾斜角 α 值确定时应尽可能取小值，但要注意防止镗刀杆与工件相碰（镗刀杆小于镗刀回转直径）。α 值确定之后，可按式（5-15）计算镗刀刀尖半径 R_c。

$$R_c = R\cos \alpha \tag{5-15}$$

例 5-4　加工 $R = 40mm$，$H = 30mm$ 的内球面，确定倾斜角 α 及镗刀刀尖半径 R_c。

解　将已知数代入式（5-14）可得

$$\sin \alpha_{\max} \sqrt{1 - 30mm / (2 \times 40mm)} = 0.7906$$

$$\alpha_{\max} = 52.24°$$

现取 $\alpha = 20°$，再根据式（5-15）可得

$$R_c = 40mm \times \cos 20° = 37.59mm$$

五、球面铣削的注意事项和质量分析

1. 球面铣削的注意事项

铣削球面时应注意以下事项：

1）铣刀盘的刀尖回转直径 d_c 的大小影响加工球面的半径 R，因此加工前必须正确计算和精确调整。

2）对刀的目的是使铣刀刀尖的回转轴线通过球心，对刀误差的大小将直接影响加工后球面的几何形状误差。对刀可采用划线对中或试切法，精确对刀铣出的球面呈网状刀纹。

3）球面铣削大多采用单刀片做高速切削，所以铣削层深度（背吃刀量）及进给量均取小值。通常粗铣时铣削层深度（背吃刀量）a_p 为 1～4mm；半精铣时 a_p 为 0.5～1.0mm；

精铣时 $a_p < 0.5mm$；铣削速度：对于钢件（200~280HBW），v_c 为 80~120m/min；对于灰铸铁件，v_c 为 60~110m/min。

4）铣削球面时，回转工作台或分度头的回转运动是进给运动。在条件许可的情况下应尽量采用机动，实现自动进给，使进给均匀平稳，球面获得较好的表面质量，同时也能降低操作者的劳动强度。

2. 球面铣削的质量分析

球面铣削过程中，若调整不当，铣出的球面就会出现变形（见图 5-26）。

球面加工的常见问题及原因有以下几种：

1）球面表面呈单向切削"纹路"，形状呈橄榄形，造成的原因是：

① 铣刀轴线与工件轴线不在同一平面内。

② 工作台调整不当。

2）球面半径不符合要求，造成的原因是：

① 铣刀刀尖回转直径 d_0 调整不当。

② 铣刀沿轴向进给量过大。

3）球面表面粗糙度值大，造成的原因是：

① 铣刀切削角度刃磨不当。

② 铣刀磨损。

③ 铣削量过大，圆周进给不均匀。

④ 顺、逆铣选择不当，引起窜动等。

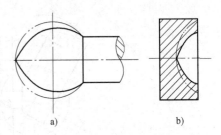

图 5-26　球面加工的常见问题
a）外球面变形　b）内球面变形

本 章 小 结

通过本章的学习，掌握曲面的铣削方法及成形刀的特点、回转工作台的安装及曲面加工顺序和影响曲面铣削质量的因素，重点学习球面铣削的展成原理及内、外球面铣削的方法。

复习思考题

1. 怎样区分曲面和成形面？

2. 在立式铣床上加工曲面的方法有哪几种？在回转工作台上铣削曲面外形时，铣刀直径应当如何选择？

3. 用回转工作台铣削曲面应注意哪几点？

4. 何谓仿形铣削法？仿形铣削有何优点？为什么说单件生产采用铣削不经济？

5. 谈谈仿形铣削的工作的原理，并举例说明。

6. 仿形铣削时要注意哪些事项？

7. 简述成形铣刀的结构特点。

8. 用成形铣刀铣削成形面时要注意哪些问题？

9. 试述球面铣削的原理？在万能铣床铣圆球，必须根据哪三个原则进行调整？

10. 加工一单柄球面，其柄部直径 $D=30mm$，球面半径 $R=35mm$，试确定立铣头主轴倾斜角 α 和刀尖回转半径 r_c？

11. 外球面铣削时，球面呈橄榄形的原因是什么？

第六章　在铣床上钻孔、铰孔和镗孔

教学目标　1. 掌握钻孔的方法和影响钻孔质量因素。

2. 了解铰刀的结构。

3. 掌握铰孔的方法和影响铰孔质量的因素。

4. 了解镗刀及其结构。

5. 掌握镗孔的方法和影响镗孔质量的因素。

教学重点　1. 钻孔的方法。

2. 钻孔的质量分析。

3. 铰刀的知识。

4. 铰刀的使用方法。

5. 铰刀的质量分析。

6. 镗刀、镗刀杆和镗刀盘的知识。

7. 镗孔的方法。

8. 镗孔的质量分析。

教学难点　钻孔、铰孔、镗孔的质量分析。

　　铣床和镗床都以刀具的旋转运动作为主运动，而进给运动的情况也有很多类似之处，所以镗孔工作也可以在铣床上进行，需要时也可在铣床上钻孔和铰孔。在铣床上，主要加工中小型的孔和相互位置不太复杂的多孔零件。

第一节　在铣床上钻孔

　　用钻头在实体材料上加工孔的方法称为钻孔。

　　在铣床上进行钻孔时，钻头的回转运动是主运动，工件（工作台）或钻头（主轴箱）沿钻头轴向的移动是进给运动。

　　在铣床上，一般使用麻花钻钻孔。主要是钻削中小型工件上的孔和相互位置不太复杂的孔系。

一、钻孔方法

1. 孔的技术要求

（1）孔的尺寸精度　主要是孔的直径，其次是孔的深度。用麻花钻钻孔，孔的尺寸经济精度的公差等级可达 IT11～IT12。

（2）孔的形状精度　主要是孔的圆度、圆柱度和孔轴线的直线度。

（3）孔的位置精度　主要是孔与孔或孔与外圆之间的同轴度、孔与孔的轴线或孔轴线与基准面间的平行度、孔轴线与基准面间的垂直度以及孔轴线对基准的偏移量的位置要求。

（4）孔的表面粗糙度　麻花钻钻孔，孔的表面粗糙度 R_a 值可达 $6.3～12.5\mu m$。

2. 钻削用量（见图 6-1）

（1）切削速度 v_c　麻花钻切削刃外缘处选定点相对于工件的主运动的瞬时速度，其表

达式为

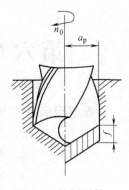

$$v_c = \frac{\pi d n}{1000} \qquad (6\text{-}1)$$

式中　v_c——切削速度（m/min）；

　　　d——麻花钻直径（mm）；

　　　n——麻花钻转速（r/min）。

（2）进给量 f　麻花钻每回转一转，麻花钻与工件在进给方向（麻花钻轴向）上的相对位移量，称为每转进给量 f（单位为 mm/r）。麻花钻为多刃刀具，有两条切削刃（即刀齿），其每齿进给量 f_z（单位为 mm/z）等于每转进给量的一半，即 f_z 为 $\frac{1}{2}f$。

图 6-1　钻削用量

（3）背吃刀量 a_p　一般指通过切削刃基点并垂直于工作平面方向上测量的吃刀量，即已加工表面与待加工表面间的垂直距离。钻孔时的背吃刀量等于麻花钻直径的一半，即 a_p 为 $\frac{1}{2}d$。

钻孔时，切削速度 v_c 的选择主要根据被钻孔工件的材料和所钻孔的表面粗糙度要求及麻花钻的寿命来确定。一般在铣床上钻孔，由于工件作进给运动，因此钻削速度应选低一些。此外，当所钻孔直径较大时，也应在钻削速度范围内选择低一些。钻削速度的选择见表 6-1。

进给量的选择与所钻孔直径的大小、工件材料及孔表面质量要求等有关。在铣床上钻孔一般采用手动进给，但也可采用机动进给。每转进给量 f，在加工铸铁和非铁金属材料时可取 $0.15\sim0.50$mm/r，加工钢件时可取 $0.10\sim0.35$mm/r。

表 6-1　钻削速度 v_c 选用表　　　　　　　　（单位：m/min）

加工材料	v_c	加工材料	v_c
低碳钢	25~30	铸铁	20~25
中、高碳钢	20~25	铝合金	40~70
合金钢、不锈钢	15~20	铜合金	20~40

3. 钻孔方法

（1）划线钻孔（见图 6-2～图 6-4）

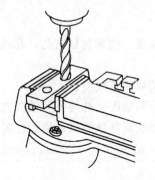

图 6-2　用机用虎钳装夹工件钻孔

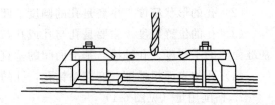

图 6-3　用压板、螺栓装夹工件钻孔

（2）靠刀法钻孔　当孔对基准的孔距尺寸精度要求较高时，用划线法钻孔不易控制，此时可利用铣床的纵向、横向手轮刻度，采用靠刀法对刀钻孔。如钻削如图6-5所示工件上的3个孔时，先将机用虎钳固定钳口找正与纵向进给方向平行（或垂直），工件装夹好后用标准检验棒 d 或中心钻装夹在铣床主轴的钻夹头中，使标准检验棒外圆柱面与工件一基准面刚靠好后，摇进距离 S_1，再靠另一基准后摇过距离 S，则对准左起第一个孔的中心位置。

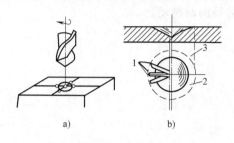

图6-4　按划线钻孔

1—錾槽校准钻偏的孔　2—钻偏的孔坑

3—被钻孔的控制线

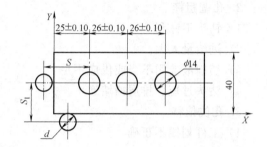

图6-5　用靠刀法移距确定孔的中心位置

由于直接用麻花钻钻孔会因钻头横刃较长或顶角对称性不好而产生定心不准造成钻偏，一般先用中心钻钻出锥坑，用以导向定位。

在一个孔钻削完后，将工作台移动一个中心距，再以相同的方法钻第二个孔……依次完成各孔的加工，孔距公差则容易得到保证。

（3）用分度头或回转工作台装夹工件钻孔　在盘类工件上钻削圆周等分孔时，可在分度头或回转工作台上装夹工件钻孔。

1）在分度头上分度钻孔（见图6-6）　直径不大的盘类工件可安装在分度头上分度钻孔。钻孔前先找正分度头主轴轴线与立铣头主轴轴线平行，并平行于工作台台面，两主轴轴线要处于同一轴平面内，并找正工件的径向圆跳动和端面圆跳动合乎要求。

2）在回转工作台上装夹工件钻孔（见图6-7）　工件尺寸较大时，可将工件用压板装夹在回转工作台上钻孔。钻孔前先找正回转工作台主轴轴线与立铣头主轴轴线同轴，并垂直于工作台台面。

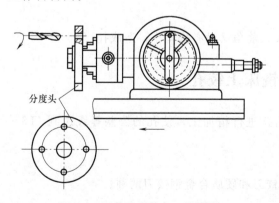

图6-6　用分度头装夹工件钻孔

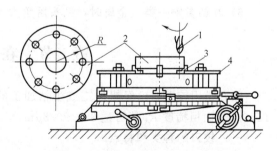

图6-7　在回转工作台上装夹工件钻孔

1—钻头　2—工件　3—三爪自定心卡盘　4—压板

二、钻孔的质量分析

在铣床上钻孔常见的质量问题及产生的原因有以下几种：

1. 孔大于规定尺寸

1）钻头两切削刃长度不等，高低不一致。

2）立铣头主轴径向偏摆，或工作台未锁紧、有松动。

3）钻头本身弯曲或装夹不好，使钻头有过大的径向圆跳动。

2. 孔壁粗糙

1）钻头不锋利。

2）进给量太大。

3）切削液选用不当或供应不足。

4）钻头过短、排屑槽堵塞。

3. 孔位偏移

1）工件划线不正确。

2）钻头横刃太长，定心不准，起钻过偏而没有找正。

4. 孔歪斜

1）工件上与孔垂直的平面与主轴不垂直或立铣头主轴与台面不垂直。

2）工件安装时，安装接触面上的切屑未清除干净。

3）工件装夹不牢，钻孔时产生歪斜或工件有砂眼。

4）进给量过大使钻头产生弯曲变形。

5. 钻孔呈多角形

1）钻头后角太大。

2）钻头两主切削刃长短不一，角度不对称。

6. 钻头工作部分折断

1）钻头用钝仍继续钻孔。

2）钻孔时未经常退钻排屑，使切屑在钻头螺旋槽内堵塞。

3）孔将钻通时没有减小进给量。

4）进给量过大。

5）工件未夹紧，钻孔时产生松动。

6）在钻黄铜一类软金属时，钻头后角太大，前角又没有修磨小，造成扎刀。

第二节 在铣床上铰孔

铰孔是用铰刀对已经粗加工或半精加工的孔进行精加工，使孔的公差等级达到 IT6～IT10，表面粗糙度 R_a 值可达 3.2～0.8μm。

一、铰刀的种类和特点

铰刀的种类很多，以刀具材料分有高速钢铰刀和硬质合金钢铰刀两种。

1. 高速钢铰刀（见图 6-8）

（1）整体圆柱机用铰刀 铰刀由工作部分、颈部和柄三部分组成（见图 6-8a）。工作部分最前端有 45°倒角（l_3 部分），使铰刀铰削开始时容易进入孔中，并起保护切削刃的作用。

紧接倒角的是顶角 $2\kappa_r$ 的切削部分（l_1 部分）。再后面是校准部分。机用铰刀有圆柱形校准部分（l_2 部分）和倒锥校准部分（l_4 部分）两段。铰刀顶角 $2\kappa_r$ 较小，机用铰刀铰削钢及其他材料的通孔时，$\kappa_r=$ $15°$；铰铸铁及其他脆性材料时，$\kappa_r=3°\sim5°$；铰不通孔时，为了使铰出的孔的圆柱部分尽量长，采用 $\kappa_r=45°$。

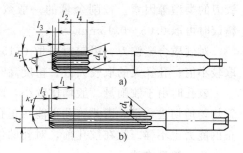

图 6-8　铰刀
a) 机用铰刀　b) 手用铰刀

（2）手用铰刀　手用铰刀的切削部分比机用铰刀的要长，校准部分只有一段倒锥部分。顶角 $2\kappa_r$ 很小，一般手用铰刀的 $\kappa_r=30'\sim1°30'$。这样，定心作用好，铰削时轴向力也较小，工作时比较省力。

铰孔的切削余量很小，所以铰刀的前角对切屑变形影响不大，一般铰刀前角 $\gamma_o=0°$，铰削近于刮削，可减小孔壁的表面粗糙度值。铰刀切削部分和校准部分的后角一般都磨成 $6°\sim8°$。

校准部分用来引导铰削的方向和修整孔的尺寸，它也是铰刀的备磨部分，校准部分切削刃上留有无后角的刃带，为了减少刃带与孔壁的摩擦，棱边较窄，一般 $f=0.1\sim0.3$mm。为了减少校准部分与孔壁的摩擦，并为防止铰刀在孔中可能产生的倾斜而使校准部分后段的切削刃将孔径扩大，故在校准部分的后段做成倒锥。机用铰刀铰孔时的切削速度较高，为了减少摩擦并防止孔口扩大，机用铰刀的校准部分做得较短，而且倒锥量大些（$0.04\sim0.08$mm）。因为手用铰刀，倒锥量很小，故将整个校准部分都做成倒锥，而不再做出一段圆柱部分。

为了获得较高的铰孔质量，一般手用铰刀的齿距在圆周上不是均匀分布的。

机用铰刀工作时，它的锥柄与机床连接在一起，所以不会出现手用铰刀工作时的情况，为了制造方便，都做成切削刃等距分布。

工具厂制造的高速钢通用标准铰刀一般均留 $0.005\sim0.02$mm 的研磨量，待使用者按需要的尺寸研磨。出厂的铰刀按直径尺寸的精度，以被铰孔的基本偏差和标准公差等级不同，有 H7、H8 和 H9 三种。如果要加工精度较高的孔，新铰刀不能直接使用，需经研磨至所要求的尺寸后才能使用，以保证铰孔尺寸精度。

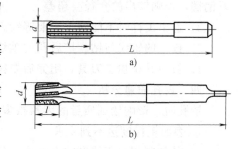

图 6-9　硬质合金机用铰刀
a) 直柄铰刀　b) 锥柄铰刀

2. 硬质合金机用铰刀

图 6-9 所示的机用铰刀工作部分镶硬质合金刀片，它适用于高速铰孔和铰削硬材料。硬质合金铰刀铰出的孔一般要小一些，因铰削中产生的挤压比较严重，所以使用时应先测量铰刀的直径，并进行试铰，如果孔径不符合要求，应研磨铰刀。

二、铰孔余量的确定

铰孔之前，一般先经过钻孔或扩孔。要求较高的孔，需先扩孔或镗孔；对精度高的孔，还需分粗铰和精铰。铰孔余量的大小直接影响铰孔的质量，余量太小，往往不能把上道工序所留下的加工痕迹全部铰去；余量太大，会使孔的精度降低，表面粗糙度值变大。

所以选择铰孔余量时，应考虑到铰孔的精度、表面粗糙度、孔径的大小、材料的软硬和铰刀的类型等因素。铰削余量的一般数值为：对高速钢铰刀，粗铰时可取 0.15～0.3mm；精铰时可取 0.05～0.15mm。

对硬质合金铰刀，粗铰时可取 0.15～0.35mm；精铰时可取 0.06～0.2mm。孔径小的取较小值；孔径大的取较大值。精度高时，取得小些。

铰孔时由于铰削量一般均比较小，而铰刀在装夹时的刚性又较差，在铰削时都以原来位置均匀地切去余量。因此铰孔不能纠正孔的位置精度；对孔的形状精度（主要是圆度），纠正的能力也不强。故在铰孔前，对孔的位置精度和形状精度，都应有一定的要求。

三、铰孔方法

1. 铰刀尺寸和精度等级的选择

根据所铰孔的直径和精度，选择与其相符的铰刀。当铰刀不能满足孔的精度或公差带的要求时，需进行修磨。

2. 铰孔的切削用量

铰孔很多采用手铰。在铣床上采用机铰精铰时，铰削速度：高速钢铰刀一般为 2～5m/min，铰铸铁可高些；硬质合金铰刀一般为 4～12m/min。进给量一般取 0.05～0.5mm/r。

3. 切削液的应用

铰削时由于加工余量小，切屑都很细碎，容易粘附在切削刃上，甚至夹在孔壁与铰刀棱边之间，将已加工面刮毛。另外，铰刀切削速度虽低，但因在半封闭状态下工作，热量不易传出。为了能获得较小的表面粗糙度值和延长刀具寿命，所选用的切削液应具有一定的流动性，以冲去切屑和降低温度，并具有良好的润滑性。具体选择时：铰削韧性材料可采用乳化液或极压乳化液；铰削铸铁等脆性材料时，一般不用，需要时可用煤油或煤油与润滑油的混合油。

4. 铰孔时的注意事项

1）铣床上装夹铰刀时，有浮动连接和固定连接两种。如用固定连接时，必须要防止铰刀偏摆，否则铰出的孔径会超差。

2）退出工件时不能停车，要等铰刀退离出工件后再停车。铰刀不能倒转。

3）铰刀的轴线与钻、扩后孔的轴线应同轴，故最好钻、扩、铰连续进行。

4）铰刀是精加工刀具，用完后要擦净加油，放置要防止切削刃碰坏。

四、铰孔质量分析

铰孔时，影响铰削质量的因素很多，较常见的现象及产生的原因有以下几种：

1. 表面粗糙度达不到要求

1）铰切削刃口不锋利或有崩裂，铰刀切削部分和修整部分不光洁。

2）铰刀切削刃上粘有积屑瘤，容屑槽内切屑粘积过多。

3）铰削余量太大或太小。

4）切削速度太高，以致产生积屑瘤。

5）铰刀退出时反转，手铰时铰刀旋转不平稳。

6）切削液选择不当或浇注不充足。

7）铰刀偏摆过大。

2. 孔径扩大

1）铰刀与孔的中心不重合，铰刀偏摆过大。

2）铰削余量和进给量过大。

3）切削速度太高，铰刀温度上升而直径增大。

4）操作者粗心（未仔细检查铰刀直径和铰孔直径）。

3. 孔径缩小

1）铰刀超过磨损标准，尺寸变小仍继续使用。

2）铰刀磨钝后继续使用，造成孔径过度收缩。

3）铰削钢料时加工余量太大，铰好后内孔弹性变形恢复使孔径缩小。

4）铰铸铁时加了煤油。

4. 孔中心轴线不直

1）铰孔前的预加工孔不直，铰小孔时由于铰刀刚度差，而未能纠正原有的弯曲。

2）铰刀切削锥角太大，使铰削时方向发生偏歪。

3）手铰时，两手用力不均。

5. 孔呈多棱形

1）铰削余量太大和铰刀切削刃不锋利，使铰削时发生"啃刀"现象，发生振动而出现多棱形。

2）钻孔不圆，使铰孔时铰刀发生弹跳现象。

3）机床主轴振摆太大。

第三节 在铣床上镗孔

镗削是镗刀旋转作主运动，工件或镗刀作进给运动的切削加工方法。用镗削的方法扩大工件的孔称为镗孔。镗孔除在镗床上进行外，由于铣床也是以刀具的旋转运动为主运动，且进给运动情况有很多的类似，所以镗孔也可在铣床上进行。在铣床上，主要镗削中小型工件上不太大的孔和相互位置不太复杂的孔系。

在铣床上镗孔，孔的公差等级一般为 IT7～IT9；表面粗糙度 R_a 值为 3.2～0.8μm。另外，对孔中心距也较容易控制，故适于镗削轴线相互平行的孔系零件。

一、镗刀和镗刀杆及镗刀架

表 6-2 为镗刀的类型。

表 6-2 镗刀的类型

镗刀类型	按切削刃数量分	单刃	
		双刃	
		多刃	
	按工件加工表面分	内孔	通孔
			台阶孔
			不通孔
		端面	
	按刀具结构分	整体式	
		装夹式	
		可调式	微调
			差动

1. 镗刀

镗刀有单刃镗刀、双刃和多刃镗刀之分，在铣床上大多用单刃镗刀镗削，有时也用双刃镗刀镗削。

（1）单刃镗刀　镗刀和刀杆一体的长刀杆镗刀（见图6-10a），这种镗刀一般直接安装在可调节镗刀架上，借助镗刀架的调节来控制孔径，大多用于镗削直径较小的孔。图6-10b所示的镗刀，可装在镗刀杆上，大多用于镗削直径比较大的孔。这两种形式的镗刀，都可由整条高速钢制成，也可把硬质合金用机械方法装夹（或焊接）在刀体上。

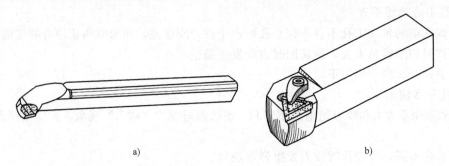

图 6-10　单刃镗刀
a) 长刀杆镗刀　b) 不带镗刀杆的镗刀

（2）双刃镗刀　整体双刃镗刀和刀杆的装夹情况如图6-11a所示，这种镗刀尺寸不好调节。用作粗加工和半精加工时，镗刀块是用螺钉固定的；用作精加工时，可固定，也可浮动。

浮动镗刀（见图6-11b）也是一种双刃镗刀，镗刀块由两部分组成，在刃磨后可调节尺寸，是作精镗孔用的。镗刀块正确地配合在镗刀杆3的槽中，由端盖6盖紧形成一个方孔形槽，镗刀块5能沿槽滑动，但配合间隙很小，一般用H7/g6。松开内六角螺钉4可调节镗刀块尺寸。螺钉1是固定偏心销2用的，偏心销是防止镗刀块从槽中滑落用的，借助偏心以插入镗刀块的槽中，销与槽之间应有较大的间隙。精镗时，由于余量很小，在两个具有相同主偏角的切削刃上，所得到的切削力也相等，使镗刀块自动处于中心位置。

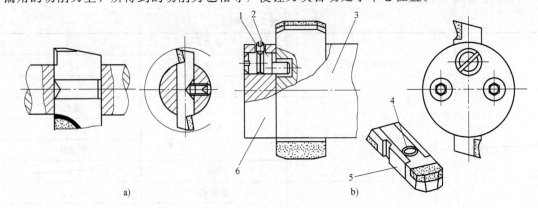

图 6-11　双刃镗刀
a) 整体双刃镗刀　b) 浮动镗刀

1—螺钉　2—偏心销　3—镗刀杆　4—内六角螺钉　5—镗刀块　6—端盖

2. 镗刀杆

简单的镗刀杆如图 6-12 所示。图 6-12a 所示的镗刀杆是作镗削通孔用的；图 6-12b 所示的镗刀杆可镗削通孔、台阶孔和不通孔；图 6-12c 所示的镗刀杆适宜于镗削较深的孔，镗刀杆的前端可伸入支架孔（或导套孔）中，以提高镗刀杆的刚性。

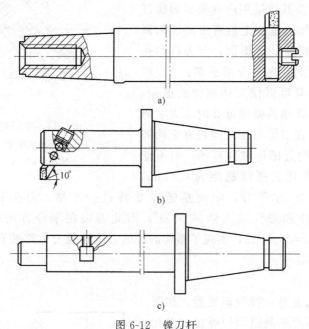

图 6-12　镗刀杆

a）可用来镗削通孔　b）可用来镗削通孔、台阶孔和不通孔　c）可用来镗削深孔

3. 镗刀架

镗刀架又称镗头或镗刀盘。图 6-13 所示的是一种结构简单的镗刀架，它具有良好的刚性，而且能够精确地控制镗孔的直径尺寸。图 6-13 中 1 是镗刀架的柄部，它与铣床的主轴锥孔配合，转动螺杆 2 时，可以精确地移动燕尾块 3，螺杆端部有一个四方头和带有一个刻度盘。若螺杆的螺距为 2mm，刻度盘刻有 100 等分的刻线，则每转过一小格，燕尾块移动量为 0.02mm，可作精确调整尺寸之用。但螺杆螺纹公差等级（主要是螺距）不低于 IT7～IT8。燕尾块带有装刀孔，用螺钉 4 将各种规格的镗刀杆固定在装刀孔内，借以镗削各种规格的孔径。当燕尾块移动量调节好后，可把螺钉 5 和螺母 6 拧紧，通过垫板 7 把燕尾块 3 紧固。

镗刀架的品种很多，如万能镗刀架等，其微调精度达 0.005mm，甚至更小，功能也多。有的镗刀架已作为机床附件，由专业厂制造。

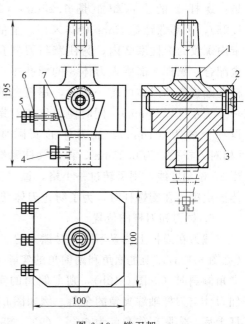

图 6-13　镗刀架

1—柄部　2—螺杆　3—燕尾块
4、5—螺钉　6—螺母　7—垫板

4. 微调式镗刀和刀杆

微调式镗刀和刀杆如图 6-14 所示，它也是
通过刻度和精密螺纹来进行微调的。装有可转位
刀片 4 的刀体 3 上有精密螺纹，刀体的外圆与刀
杆 1 上的孔相配，并在其后端用内六角紧固螺钉
8 及垫圈 7 拉紧。刀体的螺纹上旋有带刻度的调
整螺母 2，螺母的背部是一个锥面，与刀杆的孔
口内锥面贴紧。调整时，先松开紧固螺钉 8，然
后转动调整螺母 2，就可以使刀体前伸或退缩，
获得所需的尺寸。在转动调整螺母 2 时，为了防
止刀体在孔内转动，在刀体与孔之间装有止动销
6，销只能沿孔壁上的直槽作轴向移动，而不能

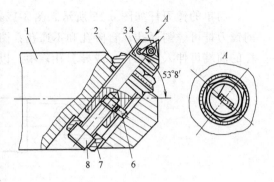

图 6-14　微调式镗刀和刀杆
1—刀杆　2—调整螺母　3—刀体　4—刀片
5、8—紧固螺钉　6—止动销　7—垫圈

转动。此微调式镗刀体的螺纹螺距为 0.5mm，
调整螺母 2 的刻度为 40 等分，则调整螺母 2 转过一小格，刀头和刀体移动距离为
0.0125mm。由于刀体和刀杆轴线倾斜 $53°8'$，因此刀尖在半径方向的实际调整距离为
$0.0125mm \times \sin 53°8' = 0.01mm$，实现了微调的目的。这种镗刀体都装有可转位刀片，刀片
通过螺钉 5 紧固在刀体上。

5. 差动镗刀和刀杆

差动镗刀和刀杆也是一种微调装置。如图
6-15 所示。是利用两段不同螺距但螺旋方向相
同的螺杆形成螺旋差动，实现微调。具体情况
是：螺杆 1 的上部螺距是 1.25mm（M8 ×
1.25），下部螺距是 1mm（M6 × 1）。上部旋入
带内螺纹的圆柱塞 2 内，圆柱塞与刀杆孔为过
盈配合；螺杆下部旋入刀体 3 的螺孔中。当螺
杆在圆柱塞和刀体内转一转时，螺杆向前移动
一个螺距（1.25mm）。同时使刀体相对螺杆后
退一个螺距（1mm），故刀体的实际伸出量
（相对刀杆孔）为 0.25mm，再在圆柱塞端面上

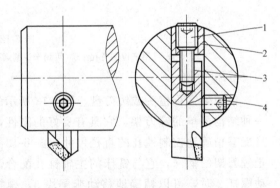

图 6-15　差动镗刀和刀杆
1—螺杆　2—圆柱塞　3—刀体　4—紧固螺钉

刻 25 格刻度线，则每转过一小格，镗刀移动 0.01mm。调整好后，需旋紧紧固螺钉 4，把刀
体固定牢。在旋螺杆时，为了防止刀体转动，应在刀体上靠紧固螺钉处，开一条导向槽。

6. 镗刀和刀杆的位置

镗刀在刀杆上位置不同，对镗刀的实际工作角度会产生影响。当刀体与刀杆轴线垂直时
（见图 6-12a），则主偏角和副偏角的实际工作度数与在刀体上的数值相同；刀体与刀杆轴线
夹角倾斜时（见图 6-12b），则主偏角的实际工作度数等于在刀体上（相对于刀体）的度数
加刀体与刀杆轴线夹角的余角。例如图 6-14 的位置，若刀片对刀体的主偏角为 60°，装在刀
杆上后，实际工作角度为 60° +（90° − $53°8'$）= $96°52'$。副偏角的实际工作度数等于在刀体
上的度数减刀体与刀杆轴线夹角的余角。

当镗刀杆上安装镗刀的方孔（或圆孔）的对称线（或孔中心线），通过刀杆轴线时，则

镗刀的刀尖应在刀体的对称平面（或轴线）上，否则会影响前角和后角的实际工作角度，若刀尖高于对称平面，将使前角的实际工作角度值减小，后角则增大。若刀尖低于对称平面，则前角增大而后角减小。当刀体与刀杆孔的间隙较大时，应以安装时刀尖相对刀杆轴线的位置为准。在镗孔时，镗刀的刀尖以通过所镗孔的中心较合适，一方面镗刀在刀体上的角度即是工作时的实际角度，以便刃磨时掌握，另一方面在镗削时可减小振动。若刀尖低于中心，则容易产生扎刀现象，为了保险起见，往往使刀尖稍高于所镗孔的中心。

二、镗单孔

1. 单孔镗削

用简易式镗刀杆在铣床上镗削如图 6-16 所示的单孔工件，其镗削方法和步骤如下：

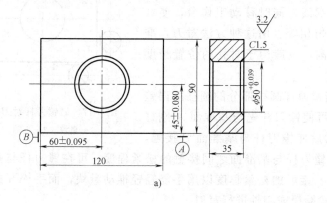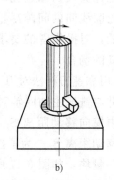

图 6-16 单孔工件的镗削

a) 单孔工件 b) 镗孔

（1）划线和钻孔 根据图样，划出孔的中心线和轮廓线，并在孔中心打样冲眼，然后把工件装夹在铣床工作台上；装夹时应注意把工件垫高、垫平。用钻头钻出直径 40～45mm 的孔（先用直径为 20～25mm 的钻头钻孔，然后扩钻到要求），钻孔也可在钻床上完成后再将工件装夹到铣床上。

（2）选择镗刀杆和镗刀架截面尺寸 为了保证镗刀杆和镗刀架有足够的刚性，被加工孔的直径在 30～120mm 范围内时，镗刀杆的直径一般为孔径的 0.7～0.8 倍；镗刀杆上方孔的边长（或圆柱孔的直径）约为镗刀杆直径的 0.2～0.4 倍。具体选择时见表 6-3。

镗削如图 6-16 所示的工件时，因孔的深度尺寸不大，工件形状较简单，可采用较短的镗刀杆，如镗刀杆直径采用 35mm，镗刀架截面尺寸采用 8mm×8mm。

（3）检查机床主轴或立铣头主轴轴线位置 机床主轴或立铣头主轴轴线应与垂向进给方向平行（即与机床工作台台面垂直），若平行度（或垂直度）误差大，镗出的孔圆度误差大，孔呈椭圆形，检查时，主轴轴线对工作台台面的垂直度误差在 150mm 范围内应不大于 0.02mm。

表 6-3　镗刀杆直径及镗刀头截面尺寸　　　　　　　　（单位：mm）

孔径 D	30～40	40～50	50～70	70～90	90～120
镗刀杆直径 d	20～30	30～40	40～50	50～65	65～90
镗刀头截面尺寸 $a×a$	8×8	10×10	12×12	16×16	16×16 20×20

　（4）选择切削用量　切削用量随刀具材料、工件材料以及粗、精镗的不同而有所区别。粗镗时的背吃刀量 a_p 主要根据加工余量和工艺系统的刚度来决定。镗孔的切削速度可比铣削略高。镗削钢等塑性较好的材料时还需充分浇注切削液。当使用高速工具钢镗刀时，切削用量为：

　　粗镗　　$a_p = 0.5 \sim 2\text{mm}$，　　　$f = 0.2 \sim 1\text{mm/r}$，　$v_c = 15 \sim 40\text{m/min}$

　　精镗　　$a_p = 0.1 \sim 0.5\text{mm}$，　　$f = 0.05 \sim 0.5\text{mm/r}$，　$v_c = 15 \sim 40\text{m/min}$

　（5）对刀　在铣床上镗孔，铣床主轴轴线与所镗孔的轴线必须重合。镗孔前，常用的调整方法如下：

　　1）按划线对刀。调整时，在镗刀顶端用油脂粘一颗大头针，并使镗刀杆轴线大致对准孔的中心，然后用手慢慢转动主轴，把针尖拨到靠近孔的轮廓线，同时移动工作台，使针尖与孔轮廓线间的间隙尽量均匀相等。用这种方法对刀，准确度较低，对操作者的要求较高，一般用于对孔的位置精度要求不高的场合。

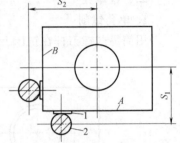

图 6-17　靠镗刀杆对刀法
1—量块　2—心轴

　　2）用靠镗刀杆法对刀。当镗刀杆圆柱部分的圆柱度误差很小，并与铣床主轴同轴时，可使镗刀杆先与基准面 A 刚好接触，再横向移动距离 S_1，然后使镗刀杆与基准面 B 接触，并纵向移动距离 S_2。为了控制镗刀杆与基准面之间接触的松紧程度，可在镗刀杆与基准面之间置一量块，如图 6-17 所示。接触的松紧程度以用手能轻轻推动量块，而手松开量块又不落下为宜。此法也可用标准检验棒或心轴进行对刀。

　　3）用测量法对刀。如图 6-18 所示，用深度游标卡尺或深度千分尺测量镗刀杆（或心轴）圆柱面至基准面 A 和 B 的距离，应等于图样尺寸与镗刀杆（或心轴）半径之差。若测量值与计算结果不符，则调整工作台位置直至相符为止。

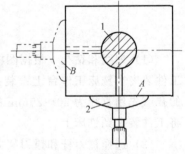

图 6-18　测量法对刀
1—心轴　2—千分尺

　　在实际工作中，为了证实对刀精度是否符合要求，常在粗镗后，用壁厚千分尺和内径千分尺分别测出壁厚和孔径。壁厚与孔的半径之和应等于孔轴线至基准面之间的尺寸，若不符合图样规定要求，则需根据差值和方向，调整工作台位置，并经半精镗后再检测，直至准确为止。在没有壁厚千分尺时，则可使用普通的外径千分尺，在其砧座上用铜管套一粒钢球进行测量，如图 6-19 所示。此时壁厚应等于千分尺读数与钢球直径之差。

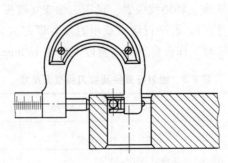

图 6-19　检测壁厚

（6）孔径尺寸控制　用简易式镗刀杆镗孔时，孔径尺寸的控制，一般都用敲刀法来调整。敲出的量大多凭手感经验，也可借助游标卡尺、指示表来控制敲出量，如图 6-20 所示。用敲刀法调整，需经几次试镗才能获得准确的尺寸。试镗时，一般只在孔口镗深 1mm 左右，经测量尺寸符合要求后再正式镗孔。

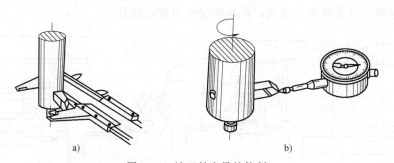

图 6-20　镗刀敲出量的控制

a）用游标卡尺测量敲出量　b）用指示表测量敲出量

（7）镗孔　在镗刀与工件相对位置调整好后，应将铣床的纵向与横向运动锁紧，然后开始镗孔。镗孔分粗镗与精镗：粗镗时，单边留 0.3mm 左右的精镗余量，粗镗结束后，换上调整好的精镗刀杆，精镗至规定要求。

精镗结束后，应使镗刀刀尖指向操作者，即与床身相反，然后退刀。这时可利用工作台下降时的外倾，使刀尖不致在孔壁上拉出刀痕，影响孔的表面质量。

2. 孔系镗削

在铣床上主要镗削各孔轴线平行的孔系，常见的有圆周等分孔系和坐标孔系。

（1）圆周等分孔系的镗削　镗削各孔在工件表面的圆周上均匀分布的孔系，可将工件装夹在分度头或回转工作台上进行，如图 6-21 所示。

（2）坐标孔系的镗削　轴线平行的孔系的镗削，除了孔本身有精度要求外，还必须严格控制和保证孔间中心距要求。

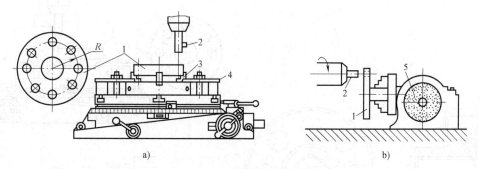

图 6-21　镗削圆周等分孔系

a）在回转工作台上的镗销　b）在分度头上的镗销

1—工件　2—镗刀　3—三爪自定心卡盘　4—压板　5—分度盘

三、在卧式铣床上镗孔

镗削如图 6-22a 所示的轴承座的孔时，由于孔的轴线与基准面平行，故在卧式铣床上加工较为合理。另外，对两个同轴的孔（见图 6-22d）和深的通孔，也以在卧式铣床上镗削较适宜。

镗削时，对孔的位置和孔径尺寸的调整，与在立式铣床上镗孔时基本相同，在卧式铣床上镗削单孔的情况如图 6-22b 所示。其优点是镗杆的伸出端可用支架来支撑，能显著增强镗刀杆的刚性，减小镗削时的振动。在选择镗刀杆直径时，也可采用较小值，以利切屑排出。另外，对图 6-22a 所示的这种结构形式的工件，装夹也较简便。若孔处在工件的一端，深度也不太深，可采用较短的镗刀杆镗削，不用支架支撑而刚性已足够时，采用如图 6-22c 所示的形式进行镗削，以便观察和检测，此种情况也可进行铣孔。

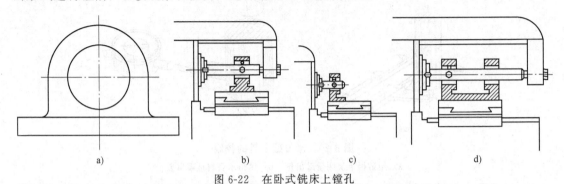

图 6-22　在卧式铣床上镗孔

a) 轴承座　b) 用支架支撑　c) 不用支架支撑　d) 镗削双孔

对两个同轴或深度尺寸较大的，并与基准面平行的孔，在卧式铣床上镗削更为有利（见图 6-22d）。因为两个孔在一次装夹中镗出，能保证有较高精度的同轴度。虽然镗刀杆较长，但有支架支撑，因此仍有良好的刚性，且深孔的圆柱度也易于保证。

四、镗圆周等分孔

在工件表面的圆周上分布几个等分的孔时（见图 6-23），可将工件装夹在分度头或回转工作台上进行镗孔。

加工如图 6-23 所示的工件或比较大的工件，最好在回转工作台上进行分度和镗削，如图 6-24a 所示。对较小的工件，可在分度头上进行分度和镗削（见图 6-24b）。当工件的位置精度要求较高而工件直径又较大时，可用精度高的回转工作台或大的立式分度头进行分度和镗削。

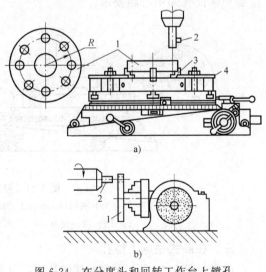

a)

b)

图 6-24　在分度头和回转工作台上镗孔

a) 较大的工件　b) 较小的工件

1—工件　2—镗刀　3—三爪自定心卡盘　4—压板

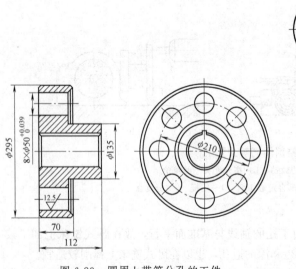

图 6-23　圆周上带等分孔的工件

镗削时，先把工件找正成与回转工作台或分度头主轴同轴，再调整铣床主轴与工件（亦即回转工作台）轴线同轴，然后移动铣床工作台，本例中移动距离为 105mm。每镗好一个孔后，转动分度手柄，使工件转过一个孔距（一个等分），再镗削下一个孔。

五、镗平行孔系

具有平行孔系的零件，除孔的本身有精度要求外，还具有孔的轴线之间的尺寸精度要求。加工时，孔径尺寸的控制和孔到基准面的位置调整，均与镗削单孔时相同。因此，对平行孔系的加工，在掌握单孔零件的镗削后，主要是进一步掌握孔中心距的控制方法。现将控制孔中心距的几种方法介绍如下。

1. 按划线控制

2. 利用铣床手柄处的刻度盘来控制

先把各个孔的坐标尺寸计算出来，再根据坐标尺寸，利用刻度盘来控制工作台的移动距离，以获得所需的镗孔位置。

以上两种方法精度不高，故只适用于孔中心距尺寸精度不高的工件，或作为精调整之前的调整。

3. 利用指示表和量块来控制

此法可获得精度较高的孔中心距。以图 6-25 所示的工件为例，若以孔 O_1 的中心为原点，以与基准面 A 平行的直线为纵坐标 x，以与基准面 B 平行的直线为横坐标 y。则三个孔中心位置的坐标，分别为：$O_1 (x = 0, y = 0)$；$O_2 (x = 100\text{mm}, y = 0)$；$O_3 (x = 64\text{mm}, y = 48\text{mm})$。在用镗单孔的方法镗好第一个孔 O_1 以后，使工作台纵向移动 100mm，镗第二个孔 O_2，然后使工作台纵向退回 36mm，横向移动 48mm，镗第三个孔 O_3。

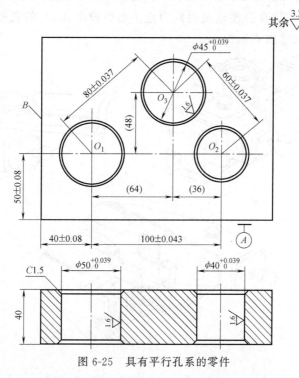

图 6-25 具有平行孔系的零件

工作台纵向移动精确控制距离的方法如图 6-26a、b 所示。图 6-26a 是把指示表固定在手拉泵加油孔附近，在纵向工作台的前侧 T 形槽上安装一块小角铁。再在指示表测头与角铁垂直面之间放一组尺寸等于所需移动距离的量块，并使量块既与角铁面紧贴，又与指示表测头接触，把指示表表面转到指针指向工作"0"位。然后抽去量块，向右摇动工作台，使角铁面与指示表测头接触，一直到指针指向"0"位为止，此时工作台已准确地移动了一个等于量块组尺寸的距离。

另一种控制工作台纵向移动距离的方法，如图 6-26b 所示。在加油孔和前侧 T 形槽上，分别固定一个测量圆柱。操作时，先用千分尺测得两量柱之间的尺寸，然后移动工作台，并使再测量得的尺寸，等于第一次测得的尺寸加（或减）所需移动的尺寸即可。

工作台横向移动精确控制距离的方法，如图 6-26c 所示。做一个指示表夹座，夹座上的紧固螺钉头部焊上一小段铜，以防损坏导轨面，把指示表固定在横向导轨上。操作方法与控制纵向移动的情况相同。没有指示表夹座时，也可改用在工作台面上固定一块矩形铁，矩形铁的两个面分别与纵向和横向平行。指示表利用磁性表座或其他固定装置，固定在横梁、主轴或垂直导轨上。在矩形铁与指示表之间增减量块组，来精确控制工作台的移动距离。若用磁性表座固定，则特别要注意表座是否产生位移。另外，固定指示表的架杆不能太长，否则会产生弹性偏让而影响精度。

4. 用试切法控制

仍以图 6-25 工件为例，先粗镗孔 O_1，若量得的实际尺寸是 $\phi 48.20$mm，则孔壁至基准面 A 的尺寸应是 25.90mm；孔壁至 B 面的尺寸应是 15.90mm。若用量具测得的实际尺寸分别是 25.50mm 和 16mm，则应把工作台横向，向增大方向移动 0.4mm；纵向向左（减少）移动 0.10mm，移动时可借助指示表来控制。移动后，再半精镗一次，并再测量和调整，一直到孔 O_1 的位置准确（即在公差范围内）为止。然后镗准孔 O_1 的直径，并测量出直径的实际尺寸，如测得的尺寸为 $\phi 50.01$mm。

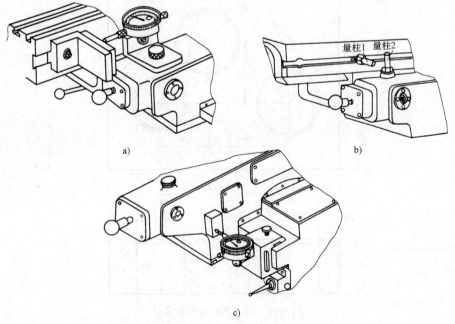

a) b)

c)

图 6-26　利用指示表和量块精确移动工作台

a)、b) 工作台纵向移动精确控制距离的方法　c) 工作台横向移动精确控制距离的方法

镗第二个孔 O_2 时，先利用刻度盘，使工作台纵向移动 100mm。粗镗孔 O_2，若量得的实际尺寸是 $\phi38.25mm$。则孔 O_1 与孔 O_2 两孔孔壁近侧的尺寸应是 55.87mm；两孔通过中心的远侧孔壁之间的尺寸应是 144.13mm。若测得的实际尺寸与上述尺寸不符，且超过公差范围，则应像镗孔 O_1 时那样，进行调整并作半精镗，直至孔 O_2 的中心位置符合要求后，再精镗孔 O_2。精镗后，也需把孔径的实际尺寸量出，如 $\phi40.02mm$。

镗第三个孔时，可按坐标使工作台纵向退回 36mm；横向移动 48mm，并进行粗镗。若粗镗后孔 O_3 的直径为 $\phi41mm$，则孔 O_3 与孔 O_1 近侧孔壁之间的尺寸应是 34.495mm；孔 O_3 与孔 O_2 近侧孔壁之间的尺寸应是 19.49mm。再根据实际测得的数值，按差值调整工作台纵向和横向位置。调整后，再一次把孔 O_3 镗大一些，并再检测和调整，一直到孔 O_3 的位置准确后，再精镗孔 O_3 的直径。在移动工作台纵向和横向的距离时，由于孔中心距的方向与坐标的方向不一致，因此需把方向（夹角）的因素考虑在内，故比镗孔 O_2 要复杂一些。一般可把孔 O_3 的直径分几次半精镗，并作多次调整来获得所要求的位置。

此法能加工出精度较高的孔中心距，是一种单件生产时常用的加工方法。但较费时，而且精度高低取决于量具的测量精度和操作者的技术。

5. 利用量柱来控制

先做几个与孔数的数量一样多的量柱。对量柱的要求是：几个量柱的直径最好相等，所以尽量在一根长圆柱（没有锥度的）上切割成几个；量柱的直径尽量接近整数；量柱的圆柱面对端面的垂直度误差应小于 0.01mm。

镗削时的操作步骤为：先在工件所镗孔的中心处钻孔和攻螺纹，螺孔应比量柱的孔径小些，但比工件上的孔径不要小很多。把量柱利用螺钉和垫圈固定（较松）到工件上，并用千分尺或杠杆千分尺，以边测量边调整，反复进行的方法，把量柱准确地固定在所镗孔的位置上。以加工图 6-25 工件为例，做 3 个直径为 $\phi45mm$，孔径为 $\phi32mm$ 的量柱，若量柱的实际尺寸为 $\phi45.02mm$。则孔 O_1 至孔 O_2 两量柱外侧之间的尺寸应为 145.02mm；孔 O_1 至孔 O_3 量柱外侧之间的尺寸应为 125.02mm；孔 O_2 至孔 O_3 的尺寸应为 105.02mm。用千分尺逐步调整到上述尺寸，把量柱紧固后，再复验一次。然后把工件装夹到铣床工作台上，逐个镗削。每镗一个孔，先在铣床主轴上固定一指示表，把量柱位置调整到与铣床主轴同轴（见图 6-27）。卸下螺钉和量柱，先进行粗镗和半精镗，再镗准尺寸。以同样的方法镗削孔 O_2 和孔 O_3。

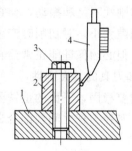
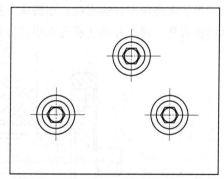

图 6-27　用量柱控制孔的位置
1—工件　2—量柱　3—紧固螺钉　4—指示表

此方法在工作过程中，可先在平板或其他台面上，把量柱调整和固定；调整时，可用精度较高的精密量具检测。操作虽费时，但能获得精度极高的孔中心距。另外，此方法对非平行孔系也适用，是一种高精度单件生产方式的加工方法。

6. 用镗模和镗套来控制

在成批和大量生产中，广泛采用镗模和镗套来控制镗刀与工件的相对位置，即使在镗单孔时也往往适用以提高生产率。

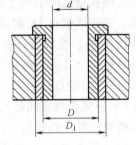

镗模上孔至定位面和孔中心距的尺寸，均与工件相等，公差值一般为 ±0.01～0.02mm，或为工件上相应尺寸公差的 1/3。镗套的种类较多，有自润滑固定镗套、滚动镗套和普通固定镗套等。如图 6-28 所示为简单的固定镗套，其各主要配合面的配合推荐：内孔 d 与镗刀杆用 H7/h6，精镗用 H6/h5；D 处用 H7/g6 或 H7/h6，精镗用 H6/g5 或 H6/h5；D_1 处用 H7/r6 或 H7/h6。镗套一般用 20 钢进行渗碳淬硬，硬度为 55～60HRC，其他技术条件和具体尺寸可参照国家标准（GB/T2266—1991 和 GB/T2259—1991）。

图 6-28 固定镗套和衬套

六、镗精度高的孔

当孔的公差等级高达 IT6～IT7、表面粗糙度 R_a 值为 0.2～1.6μm，以及几何形状误差不大于 0.01mm 时，可采用精密镗削来镗孔。精密镗削时，进给量和背吃刀量都很小，在镗削过程中，机床、刀具和夹具等工艺系统的振动和产生的弹性位移均应极小。其具体措施如下：

1. 调整机床间隙

机床工作时的刚性不足和振动，会直接影响加工精度和表面粗糙度。而铣床主轴轴承和工作台导轨处的间隙大小，对切削时产生的振动影响很大。所以在精密镗削前要认真调整，使间隙尽量减小，但必须保证能正常运转。对不需运动的部位最好予以紧固。

2. 提高工件和刀具的装夹刚性

工件在装夹时要稳固，下面的垫铁要平稳。镗刀杆和镗刀架的锥体与铣床主轴锥孔之间要配合紧密；刀体和镗刀杆之间要配合良好。

3. 镗刀杆形式

为了提高镗刀杆的刚性，在铣床上镗削直径不大于 100mm 的孔时，可采用如图 6-29 所示的镗刀杆。镗刀杆与所镗孔在半径方向的间隙 $\delta t = 0.05D$ 左右（D 为孔径）。为了弥补间

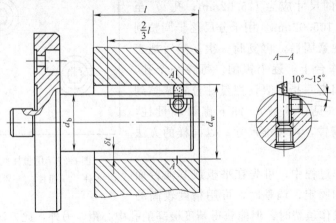

图 6-29 精镗用的镗刀杆

隙可能不够，在镗刀杆上作出一纵向小平面或台阶槽，其长度不小于 $2/3l$（l 为工件上孔的长度），以便于排屑，该平面应与镗刀杆前端面切通。材料一般为 45 钢或 40Cr 钢，硬度为 $45\sim50$HRC。

4. 采用抗振措施

使镗刀刀尖处在刀体和镗刀杆的轴线上，在其他参数相同的条件下，这种镗刀的抗振性最好。另外还可采用消振镗杆和消振装置等。

5. 合理选择铣刀几何参数和镗削用量

1）用高速钢刀时，可采用大的前角。

2）提高刀具前面、后面和切削刃的刃磨质量。

3）最好采用卷屑槽和减小副偏角 $\kappa_r{}'$。

4）进给量 f 通常在 $0.02\sim0.1$mm/r 范围内；背吃刀量在 $0.05\sim0.5$mm 之间；镗削速度 v_c，硬质合金为：$v_c=60\sim180$m/min；高速钢可用低速镗削，如 $v_c=5$m/min 左右。

6. 采用润滑性良好的切削液

如极压乳化液和浓乳化液等，并充分浇注。

七、镗孔的质量分析

镗孔时，镗刀的尺寸和镗杆的直径都受到限制，而镗刀杆长度又必须满足镗孔深度的要求，所以镗刀和镗刀杆的刚性较差。在镗削过程中，容易产生振动和"让刀"等现象，较常见的现象及产生的原因有以下几点：

1. 表面粗糙度差

1）刀尖角或刀尖圆弧太小。

2）进给量过大。

3）刀具已磨损。

4）切削液使用不当。

2. 孔呈椭圆

立铣头"0"位不正，并用工作台垂向进给。

3. 孔壁振纹

1）镗刀杆刚性差；刀杆悬伸太长。

2）工作台进给爬行。

3）工件夹持不当。

4. 孔壁划痕

1）退刀时刀尖背向操作者。

2）主轴未停稳，快速退刀。

5. 孔径超差

1）镗刀回转半径调整不当。

2）测量不准。

3）镗刀偏让。

6. 孔呈锥形

1）切削过程中刀具磨损。

2）镗刀松弛。

7. 轴线歪斜（与基准面的垂直度差）

1）工件定位基准选择不当。

2）装夹工件时，清洁工作未做好。

3）采用主轴进给时"0"位未校正。

8. 圆度差

1）工件装夹变形所引起。

2）主轴回转精度不好。

3）立镗时纵横工作台未紧固。

4）刀杆刀具弹性变形，钻孔时圆度差。

9. 平行度差

1）不在一次装夹中镗几个平行孔。

2）在钻孔和粗镗时，孔已不平行；精镗时镗刀杆产生弹性偏让。

3）定位基准面与进给方向不平行，使镗出的孔与基准不平行。

本 章 小 结

本章对钻孔、铰孔、镗孔等进行了系统地讲解。重点及难点是掌握铰孔时铰削余量的确定及铰削方法，镗孔、镗刀的种类和应用特点，镗刀架的应用时会出现的一些质量问题。并按目前生产实践中得出的经验得出的一些分析方法，正确运用理论方法来指导生产实践。

复习思考题

1. 在铣床上加工孔有什么特点？

2. 孔有哪些工艺要求？

3. 镗孔的精度和表面粗糙度一般在什么范围内？

4. 常用的简单镗刀杆有哪几种形式，各有何特点？

5. 试述微调式镗刀和刀杆，调整螺母转过一小格，刀体移动 0.01mm 的工作原理。

6. 镗刀体相对镗刀杆的位置，对镗刀的实际工作角度有何影响？

7. 镗孔时，镗刀杆和刀体的尺寸怎样选择？

8. 镗单孔时，对刀的方法有哪几种？

9. 在卧式铣床上镗孔有何特点？

10. 镗平行孔系时，控制孔中心距的方法有哪几种？

11. 镗精度高的孔时，应采取哪些措施？

12. 整体圆柱机用铰刀由哪几部分组成？工作部由哪几部分组成？

13. 铰孔余量的大小，对铰孔质量有何影响？怎样确定？

14. 铰孔有何特点（主要对尺寸、形状和位置精度)？

15. 铰孔时应注意哪些事项？

16. 铰孔时影响质量的因素有哪些？

17. 孔主要检测哪几个方面？孔径尺寸常用哪些量具检测？

参 考 文 献

[1] 王绍林. 铣工工艺学 [M]. 北京：中国劳动出版社，1996.

[2] 陈海魁. 铣工工艺学 [M]. 3 版. 北京：中国劳动社会保障出版社，2006.

[3] 孟少农. 机械加工工艺手册 [M]. 2 版. 北京：机械工业出版社，1992.

[4] 牟永言. 机械加工工艺手册 [M]. 北京：机械工业出版社，1992.

[5] 王绍林. 铣工生产实习 [M]. 北京：中国劳动出版社，1995.

[6] 陈海魁. 高级铣工技能训练 [M]. 北京：中国劳动出版社，1999.

[7] 陈臻. 铣工工艺与技能训练 [M]. 北京：中国劳动社会保障出版社，2002.

[8] 胡家富. 铣工技术 [M]. 北京：机械工业出版社，2002.

[9] 崔虹雯. 机械制造工艺基础 [M]. 北京：中央广播电视大学出版社，2006.

读者信息反馈表

感谢您购买《铣工工艺学（上册）》一书。为了更好地为您服务，有针对性地为您提供图书信息，方便您选购合适图书，我们希望了解您的需求和对我们教材的意见和建议，愿这小小的表格为我们架起一座沟通的桥梁。

姓　　名		所在单位名称		
性　　别		所从事工作（或专业）		
通信地址			邮　　编	
办公电话		移动电话		
E-mail				

1. 您选择图书时主要考虑的因素：（在相应项前面√）

（　）出版社　　（　）内容　　（　）价格　　（　）封面设计　（　）其他

2. 您选择我们图书的途径（在相应项前面√）

（　）书目　　（　）书店　　（　）网站　　（　）朋友推介　（　）其他

希望我们与您经常保持联系的方式：

□电子邮件信息　　□定期邮寄书目

□通过编辑联络　　□定期电话咨询

您关注（或需要）哪些类图书和教材：

您对我社图书出版有哪些意见和建议（可从内容、质量、设计、需求等方面谈）：

您今后是否准备出版相应的教材、图书或专著（请写出出版的专业方向、准备出版的时间、出版社的选择等）：

非常感谢您能抽出宝贵的时间完成这张调查表的填写并回寄给我们，您的意见和建议一经采纳，我们将有礼品回赠。我们愿以真诚的服务回报您对机械工业出版社技能教育分社的关心和支持。

请联系我们——

地　　址　北京市西城区百万庄大街 22 号　机械工业出版社技能教育分社

邮　　编　100037

社长电话　（010）88379083 88379080 68329397（带传真）

E-mail　jnfs@mail.machineinfo.gov.cn